JN026110

口絵1 サンゴを食害するオニヒトデ

（本文 p.30 参照）

口絵2 水槽で行った生物活性試験の様子

（a）ラッパウニを摂餌するオニヒトデ，（b）試験サンプルに近づくオニヒトデ，（c）試験サンプルを摂餌し，胃を反転するオニヒトデ．（a）と（c）では，摂餌を開始してから30分経過した時点でオニヒトデを裏返して，摂餌中である（胃袋を体外に出している）ことを確認している．（本文 p.31 参照）

口絵3　カイメン *Terpios hoshinota*（左）とナキテルピオシン（右）

（本文 p.34 参照）

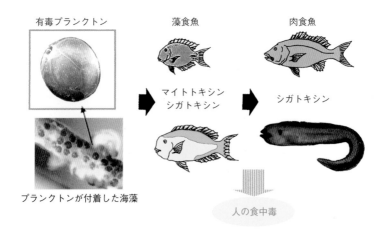

有毒プランクトン　　　　　藻食魚　　　　　　　肉食魚

マイトトキシン
シガトキシン　　　　　　シガトキシン

プランクトンが付着した海藻

人の食中毒

口絵 4　シガテラ食中毒の原因となる魚類の毒化
（本文第 5 章，コラム 4 参照）

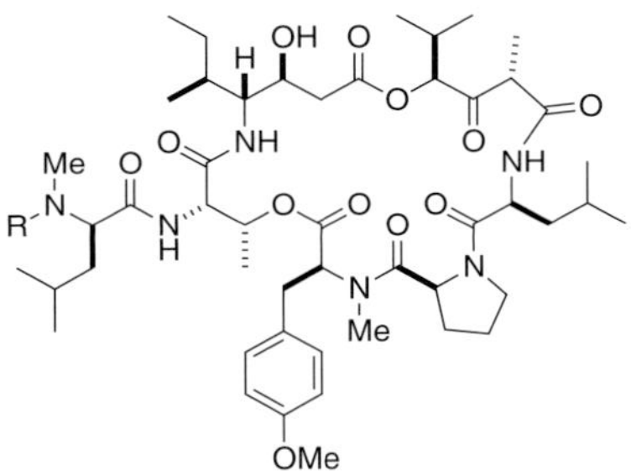

ユージストミン C (2)

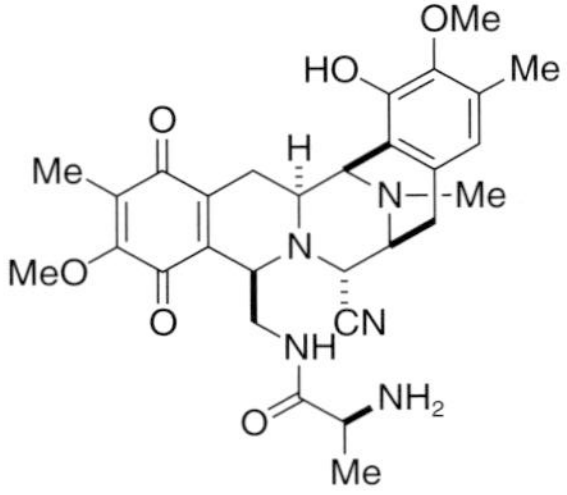

シアノサフラシン B (4)

ジデムニン A (1a): R = H
ジデムニン B (1b): R = 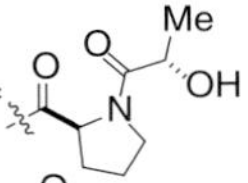
ジデムニン C (1c): R =

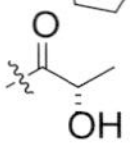

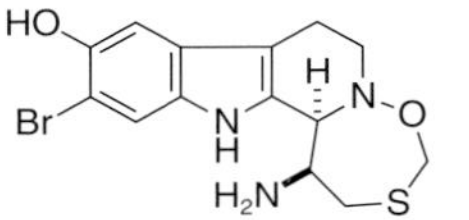

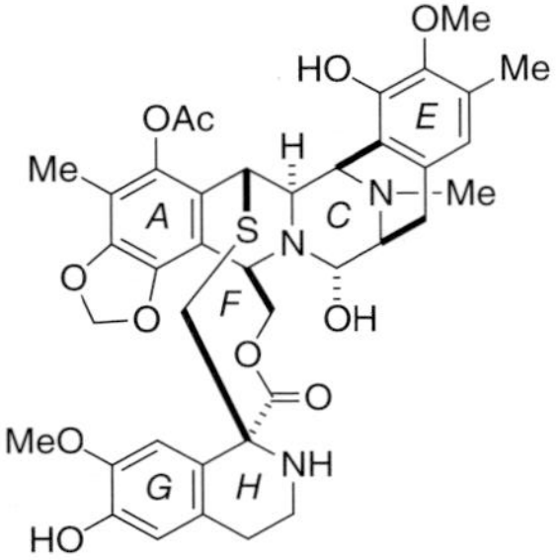

エクテナサイジン 743 (Et 743, 3)

口絵 5　ホヤから発見された生物活性物質．（本文 p.93 参照）

Et 743 を内生するタイの群体ホヤ (Ecteinascidia thurstoni).
[撮影：Khanit Suwanborirux 教授 (チュラロンコン大学).　斎藤直樹教授 (明治薬科大学) より提供]

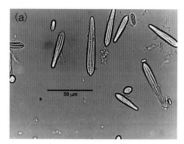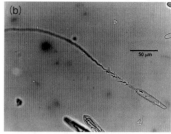

口絵6　(a) ハブクラゲの刺胞（単離したもの），(b) 毒針を発射したハブクラ
ゲの刺胞．（本文 p.102 参照）

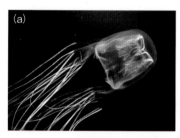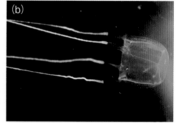

口絵7　(a) ハブクラゲ，(b) アンドンクラゲ．
[(a) 写真提供：沖縄県衛生環境研究所]（本文 p.105 参照）

口絵8　(a) ウンバチイソギンチャク，(b) アナサンゴモドキ．
[(a) 写真提供：沖縄県衛生環境研究所]（本文 p.108 参照）

化学の要点
シリーズ
43

海洋天然物化学

日本化学会 ［編］

木越英夫 ［編著］

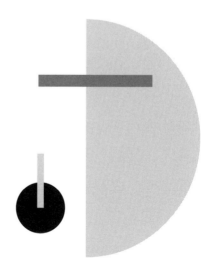

共立出版

『化学の要点シリーズ』
発刊に際して

　現在，我が国の大学教育は大きな節目を迎えている．近年の少子化傾向，大学進学率の上昇と連動して，各大学で学生の学力スペクトルが以前に比較して，大きく拡大していることが実感されている．これまでの「化学を専門とする学部学生」を対象にした大学教育の実態も大きく変貌しつつある．自主的な勉学を前提とし「背中を見せる」教育のみに依拠する時代は終焉しつつある．一方で，インターネット等の情報検索手段の普及により，比較的安易に学修すべき内容の一部を入手することが可能でありながらも，その実態は断片的，表層的な理解にとどまってしまい，本人の資質を十分に開花させるきっかけにはなりにくい事例が多くみられる．このような状況で，「適切な教科書」，適切な内容と適切な分量の「読み通せる教科書」が実は渇望されている．学修の志を立て，学問体系のひとつひとつを反芻しながら咀嚼し学術の基礎体力を形成する過程で，教科書の果たす役割はきわめて大きい．

　例えば，それまでは部分的に理解が困難であった概念なども適切な教科書に出会うことによって，目から鱗が落ちるがごとく，急速に全体像を把握することが可能になることが多い．化学教科の中にあるそのような，多くの「要点」を発見，理解することを目的とするのが，本シリーズである．大学教育の現状を踏まえて，「化学を将来専門とする学部学生」を対象に学部教育と大学院教育の連結を踏まえ，徹底的な基礎概念の修得を目指した新しい『化学の要点シリーズ』を刊行する．なお，ここで言う「要点」とは，化学の中で最も重要な概念を指すというよりも，上述のような学修する際の「要点」を意味している．

本シリーズの特徴を下記に示す.

1) 科目ごとに，修得のポイントとなる重要な項目・概念などを
わかりやすく記述する.

2)「要点」を網羅するのではなく，理解に焦点を当てた記述を
する.

3)「内容は高く」,「表現はできるだけやさしく」をモットーと
する.

4) 高校で必ずしも数式の取り扱いが得意ではなかった学生にも，
基本概念の修得が可能となるよう，数式をできるだけ使用せ
ずに解説する.

5) 理解を補う「専門用語，具体例，関連する最先端の研究事
例」などをコラムで解説し，第一線の研究者群が執筆にあた
る.

6) 視覚的に理解しやすい図，イラストなどをなるべく多く挿入
する.

本シリーズが，読者にとって有意義な教科書となることを期待して
いる.

『化学の要点シリーズ』編集委員会

井上晴夫（委員長）

池田富樹　伊藤　攻　岩澤康裕　上村大輔

佐々木政子　高木克彦　西原　寛

序

天然物と有機化学

　化学という学問を遡っていくと，錬金術と生薬術にたどり着くと考えられる．貴重な「金」を手に入れたいという興味から，錬金術や冶金術が生まれ，金属に関する理解が深まるとともに，多くの元素が発見された．これらの広範な元素を含む化合物の性質と反応を研究する学問として無機化学が発展した．一方，健康でありたいという願いから，食材や薬草などを薬として利用する生薬術が生まれ，その後，生薬の成分の研究が行われた．当時，我々の手に入る有機化合物は自然界に存在する有機化合物（天然有機化合物）に限られていたため，初期の有機化学では，これらの単離と構造決定が行われた．その結果，有機化学の基礎となる有機化合物の構造の理解が進み，立体化学の概念が確立された．その後，有機合成化学の著しい発展によって，有機化学は天然有機化合物以外の有機化合物も扱えるようになり，合成繊維や樹脂などの有機化学成果物が，現在の物質社会を支えている．

　有機化学の初期の目的であった化学と生命とのかかわりに眼を向けると，この分野は，生物学，医学，薬学，農学などの分野と相互に関連しながら，発展してきたと考えられる．自然界における様々な生命現象の大部分には，天然有機化合物が関与している．そのため，有機化学が，生命現象を理解するための基礎科学として，重要な役割を担ってきた．そして今日では，天然有機化合物の単離，構造決定と機能解析を行うとともに，それらの化学合成や高活性類縁体開発などを行う，有機化学を核とした生物有機化学，生物化学，ケミカルバイオロジーなどの幅広い学問分野として「天然物化学」

がある．この研究からは，生命現象の謎を解き明かす学術的な成果
が得られるとともに，医薬品，農薬や生化学試薬などへの生物活性
を生かした応用や，生分解性高分子などの機能性材料の開発などに
つながる知見が得られる．

　天然有機化合物は，大きく第一次代謝産物と第二次代謝産物に分
けることができる．第一次代謝産物は，多くの生物種に共通する有
機化合物であり，高校化学や高校生物でも学ぶ核酸，糖質，α-ア
ミノ酸，タンパク質，脂肪酸などがここに分類される．これに対し
て，第二次代謝産物は，特定の科や属の生物に限られて分布する化
合物群であり，きわめて多様な化学構造を持っている．これらの中
には特徴的かつ強力な生物活性を有するものが多く，古くから薬と
して利用されるなど，人類にとって有益な役割を果たすものも多い
こともあり，天然物化学のおもな対象となっている．

　初期の天然物化学においては，人間の活動範囲に近い陸上生物が
おもな研究対象となっていた．特に，古来より，民間薬として用い
られていた薬用植物からは，含窒素化合物であるアルカロイドなど
の薬理と化学構造の研究が発展してきた．たとえば，モルヒネはケ
シ科の植物から得られるアルカロイドであり，アヘンの常習性成分
として有名であるが，実は現在でもきわめて優秀な鎮痛薬として使
用されている．また，カビや微生物の生産する有機化合物からは，
ペニシリンなどの抗生物質が発見され，多くの病気の克服などに大
きな役割を果たしてきた．2015 年ノーベル生理学・医学賞の対象
となった寄生虫による感染症に対する研究でも，大村智博士が土壌
菌から抗生物質アベルメクチンを発見したことが重要な鍵となって
いる．

なぜ海洋天然物化学か？

　上述のように，陸上生物に関する天然物化学研究は，すでに長い期間，膨大な量が行われてきた．一方，海洋天然物化学研究は，まだ歴史は浅く，海が広大であるのみならず，月への観光旅行が可能となりそうな現在でも，深海の一番深いところはほぼ未開の領域である．このような背景のもと，陸上生物の天然物化学研究からは大きく遅れたが，今では海洋生物由来の天然有機化合物の研究が活発に行われている．海洋生物は，その生育環境が陸上生物のものと著しく異なっている．海洋生物は，塩濃度の高い海水中に住んでおり，深海などの一部の場所は，陸上にはない高温，高圧などの過酷な環境にある．また，陸上動物と異なり，海洋動物には動けない，あるいは著しく動きが遅い動物が非常に多く存在している．動ける生物だから動物と呼ばれているはずだが，イソギンチャク，カイメン，サンゴなどは，海底に固着しており，まったくその場所から移動できない．ヒトデ，カイ，ナマコなどは，海底を非常にゆっくりとしか移動できない．これらの動物が，食餌を確保し，敵から身を守り，パートナーを見つけて繁殖するためには，陸上生物とは異なった方法が必要になるはずである．化学という観点での解答としては，海洋生物独自の海洋天然物の存在が重要であると考えられる．

　以上のような理由のためか，海洋生物からは陸上生物のものとは大きく異なる第二次代謝産物（海洋天然物）が多く発見されている．たとえば，2008 年ノーベル化学賞の対象となった緑色蛍光タンパク質（GFP）は，海洋動物であるオワンクラゲの生物発光現象に興味を持った下村脩博士によりこの動物から発見された．その後，この物質により生物・医学研究が著しく発展したように，海洋天然物は大きな可能性を秘めている．特に，四方を海に囲まれたわ

が国にとって，海洋天然物化学はお家芸のひとつといえる．

　本書では，海洋天然物の中から，化学構造，生物活性，食品化学，天然毒などの観点から特徴ある化合物を取り上げた．

　エビやカニを茹でると美味しそうな赤色に染まるが，その変色にかかわる色素は，トマトやニンジンの色素の関連化合物であり，サケの身の赤色と同じものである．この色素化合物の化学構造や変色の機構について紹介する（第1章）．

　アミノ酸，ペプチドは，すべての生物において重要な化合物である．遺伝子に保存されている情報からタンパク質に使用されるアミノ酸は，20種類のα-アミノ酸であるが，自然界にはそれ以外のアミノ酸も存在している．海藻カイニンソウ（マクリ）の駆虫成分として発見されたアミノ酸であるカイニン酸は，海洋天然物化学の草分けとも言える化合物であるので，最近の成果も加えて解説する（第2章）．また，アミノ酸の類縁体として，窒素原子の代わりに酸素原子を持つオキシ酸があるが，それらを含むペプチド化合物であるデプシペプチドは，海洋天然物の特徴のひとつである．最近，創薬のリード化合物として注目を浴びているこれらのデプシペプチドについて紹介する（第3章）．

　動物は主に，匂いを頼りにして餌を探していると考えられている．陸上生物では揮発性の天然有機化合物（香料の原料となっている）が匂いの役割を担っているが，海洋生物では，海水の中を漂う天然物が匂いとして働いていると考えられる．本書では，オニヒトデを引き寄せ，摂食行動を引き起こす天然物などについて述べる（第4章）．光が届かない深海においては，このような化合物はいっそう重要であろう．

　陸上生物とは異なって，海洋生物からは特徴的な長鎖炭素骨格を持つ天然有機化合物が数多く発見されている．これらの中には，長

鎖炭素骨格が多数のエーテル構造により梯子のような構造となったポリエーテル類があり，多彩かつ顕著な生物活性を持つ．赤潮毒ブレベトキシン類，南洋での食中毒シガテラの原因物質シガトキシン類などについては，その複雑な構造のごく微量での構造決定，化学合成，生合成が詳しく研究されているので紹介する（第5章）．また，これらの中からは，カイメンから発見された海洋天然物が創薬のシード化合物となり，製薬企業での大変な量の開発研究の結果，制がん剤が完成したので，これについて紹介する（第6章）．さらに，海洋天然物を基にした，新たな創薬につながるリン酸化酵素活性化剤の開発についても述べる（第7章）．

　海洋天然物の生産者は，発見された生物種ではなく，食物連鎖や共生微生物による場合が多い．上述のシガテラを含め海洋生物による中毒事件の多くは，海洋微生物の生産する天然物によっているため，中毒成分の真の生産者を発見しようとする研究は活発に行われている．フグの毒テトロドトキシンは古くから注目されているが，現在ではフグ自身は生産しておらず，食物連鎖によることがわかってきた．フグが日本人にとってなじみ深い魚であることもあり，日本人によって多くの研究がなされているので，それらについて述べる（第8章）．また，海洋動物の食物連鎖の中の一番上流で重要な役割を果たしている微生物の中で，シアノバクテリアの生産する天然物はよく研究されている．その中から，特徴ある天然物について述べる（第9章）．

　また，前述のように海洋動物と陸上動物の大きく異なっている特徴のひとつに，多くの海洋動物が海底に固着しているか，あるいは非常に動きが遅いことがある．それらの動物が相互にコミュニケーションをとったり，捕食したり，外敵から身を守るためにいろいろな海洋天然物を利用していると考えられる．そのような観点から，

特徴的な海洋動物であるホヤ類が産生する細胞毒性物質（第10章），クラゲが持つタンパク毒（第11章），アメフラシの持つ抗腫瘍性物質（第12章）について述べる．

　本書を読んで，天然に存在する有機化合物の構造と生物活性の一端に触れ，それらに対して興味を持ち，天然物化学に限らず，生命現象を解明しようとする学問領域にかかわってみようと思われることを願っている．本書では一部の海洋天然物を取り上げたが，天然有機化合物に関連した研究は世界中で幅広く行われている．このような学問分野に興味を持った方は，下記の本シリーズも参考にしていただければ幸いである．

化学の要点シリーズ

18巻『基礎から学ぶケミカルバイオロジー』上村大輔ほか著

26巻『天然有機分子の構築』中川昌子・有澤光弘著

35巻『生物の発光と化学発光』松本正勝著

＊　　＊　　＊

本書執筆中に急逝された上村大輔氏に捧ぐ

2023年6月

木越英夫

目　次

コラム目次

執筆者一覧

第1章	酒井隆一	北海道大学大学院水産科学研究院
	松永智子	函館工業高等専門学校
第2章	品田哲郎	大阪公立大学大学院理学研究科
	保野陽子	九州大学大学院理学研究院
第3章	吉田将人	筑波大学数理物質系
第4章	照屋俊明	琉球大学教育学部
第5章	佐竹真幸	東京大学大学院理学系研究科
	村田道雄	大阪大学大学院理学研究科
第6章	田上克也	エーザイ株式会社 DHBL
	野本研一	エーザイ株式会社 DHBL
第7章	入江一浩	京都大学大学院農学研究科
第8章	西川俊夫	名古屋大学大学院生命農学研究科
	安立昌篤	東北大学大学院薬学研究科
第9章	末永聖武	慶應義塾大学理工学部
第10章	菅 敏幸	静岡県立大学薬学部
	稲井 誠	静岡県立大学薬学部
第11章	永井宏史	東京海洋大学学術研究院
第12章	北 将樹	名古屋大学大学院生命農学研究科
	木越英夫	筑波大学数理物質系

サケやエビの色素 アスタキサンチン

1.1　身の回りのアスタキサンチン

　魚には白身魚と赤身魚がある．前者は鯛やヒラメなど，後者はマグロやカツオなどである．もうひとつ，回転ずしのメニューで忘れてはいけない"身の赤い魚"にサケがある．ただし，生化学的にはサケの「赤身」はマグロとは異なり，白身に属する．マグロの赤身がヘモグロビンやミオグロビンといった赤血球や筋肉の色素によるものに対し，サケの身（筋肉）を染めている物質はアスタキサンチン（図 1.1, **4**）というカロテノイドに属する色素である．カロテノイドは光合成補助色素として，主に植物で合成され機能している．動物にはカロテノイドを生合成する経路はないが，食物から取り込み，構造変換・蓄積して利用している．

1.2　カロテノイドとはなにか

1.2.1　カロテノイド生合成の概要

　最も有名なカロテノイドはニンジンのオレンジ色の色素，β-カロテン（図 1.1, **1**）であろう．β-カロテンは，動物に必須なビタミン A へと代謝される重要なカロテノイドである．天然物がどのような代謝物からどのような反応を経てできるのか，これを生合成と

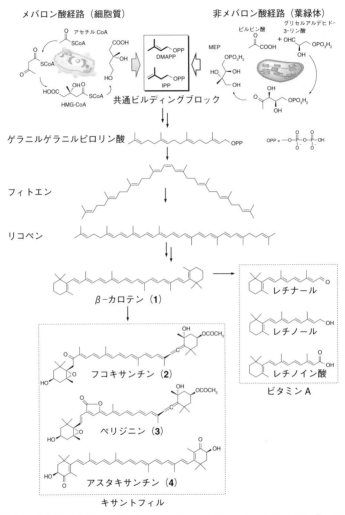

図 1.1 カロテノイドの生合成と代表的カロテノイド，キサントフィル（**2**，**3**，**4**）そしてビタミン A 群の構造

呼ぶが，カロテノイドは炭素数5個のイソプレンをビルディングブロック（構成単位）とするテルペン類に属する．テルペン類の生合成にはメバロン酸経路と非メバロン酸経路の2種類があり，動物細胞ではスクアレンやステロイド等の重要な脂質がメバロン酸経路で生合成されている．興味深いことに，植物においては葉緑体で非メバロン酸経路によりテルペンが合成される一方で，葉緑体以外の細胞質ではメバロン酸経路が使われる．両経路とも鍵中間体としてジメチルアリルピロリン酸（DMAPP）とイソペンテニルピロリン酸（IPP）を経由し，共通のビルディングブロックとなる．カロテノイドはイソプレン4個から構成されるゲラニルゲラニルピロリン酸2分子が結合したフィトエンを共通の前駆体としている．フィトエンがさらに酸化による二重結合の伸長を受け，トマトの赤色，リコペンのように色のついた炭化水素であるカロテノイドが生成する．こうして生成したカロテノイドは，末端に環構造を持つものなど多様な構造を持つ．末端がさらに酸素官能基化された一連の極性カロテノイドはキサントフィルと呼ばれる（図1.1）．

1.2.2 カロテノイドの機能

　植物以外でもシアノバクテリアや光合成細菌といったいわゆる光合成生物はカロテノイドを生合成し光合成補助色素として利用するが，光合成能を持たない古細菌やバクテリア，そしてカビにもカロテノイド合成能を持つものが存在する．植物や藻類，植物プランクトンは光合成により炭素固定を担うが，この時，カロテノイドはクロロフィルと協働して光エネルギーを効率的に捉えるのに使われるほか，発生した一重項酸素による酸化障害の防止，また強光下での過剰なクロロフィルの励起を緩和することでそもそもの活性酸素の発生を防いでいる．この過程を担うカロテノイドはβ-カロテンの

他にも，海洋一次生産の大きな部分を占める珪藻や褐藻の生産するフコキサンチン（**2**），渦鞭毛藻の生産するペリジニン（**3**）があり，年間生産量はそれぞれ 10^7t 以上に達するといわれている [1].

1.2.3 アスタキサンチンの化学と生物

アスタキサンチンは β-カロテンが酸化反応を受けて生成したカロテノイドであり，バクテリア，微細藻類，そして動物に見られる．面白いことに，陸上植物でアスタキサンチンを含むことが知られているのは唯一，キンポウゲの仲間 *Adonis* 属の一部の花弁のみである [2].

アスタキサンチンには2つの2級ヒドロキシ基があり，一組の鏡像体すなわち（3*S*, 3'*S*/3*R*, 3'*R*）体とメソ体が存在するが，（3*S*, 3'*S*）体が最も多い．また，ヒドロキシ基には長鎖脂肪酸がエステル結合している場合もある．二重結合はすべてトランスである *trans*-アスタキサンチンが主であるが，9位と13位で異性化し *cis*-アスタキサンチンも可逆的に生じる．また，アスタキサンチンはケト基を持つためケトカロテノイドに分類されるが，β-カロテンをはじめとしたカロテノイドが黄色を呈するのに対し，これらは赤橙色を呈する．1955年にフラミンゴの羽にアスタキサンチンが含まれていることが発見されて以来 [3], カージナル（メジャーリーグのカージナルスのマスコットで有名な赤い鳥）をはじめとした多くの鳥の羽色がカロテノイドによるものであることがわかってきた．オスの鳥は餌から取り込んだカロテノイドを独自の酸化酵素でケト化し，アスタキサンチンをはじめとしたケトカロテノイドを合成することで赤い体色や模様となるものが多いが，それはメスやライバルへのアピールといったコミュニケーションの道具として役に立っていることが最近の研究で示されている [4].

　サケやマスのアスタキサンチンも餌由来である．主にサケが捕食するオキアミなどの甲殻類により β-カロテン等が酵素酸化されてアスタキサンチンとなり，それをサケが蓄積する．不思議なことにアスタキサンチンが筋肉に蓄積するのはサケ科魚類のみであり，他の魚種では主に皮膚に蓄積し体色に寄与している．また，サケも繁殖期になると皮膚にアスタキサンチンが移行し，赤い婚姻色（一部の動物種で繁殖期に現れる特有な体色）を呈するようになる．また，産卵期には卵にアスタキサンチンが移行し，産卵後のサケの身は白くなる．このようにサケの一生に深くかかわるアスタキサンチンだが，餌に含まれるアスタキサンチンがどのように選択的に筋肉，表皮，卵などに移行するかは未解明である [5]．

1.3　カロテノプロテイン，タンパク質と結びつくアスタキサンチン

1.3.1　クラスタシアニン

　茹でたエビやカニが美味しそうに"赤色"に染まるのは，アスタキサンチンのためである．しかし生きた状態のエビやカニは，青緑の暗い色を基調とするものが多い．この色は，アスタキサンチンとタンパク質の複合体"カロテノプロテイン"であるクラスタシアニンに由来している．加熱によりエビやカニがパッと赤く変色するのはタンパク質の熱変性に起因しているというわけだ．クラスタシアニンはロブスターの甲羅から抽出される青い色素として 1897 年に発見され，1938 年にはそこに含まれる色素がアスタキサンチンであること，そして 1948 年にはクラスタシアニンがタンパク質複合体であることが立証された [6]．

1.3.2　クラスタシアニンの構造

　ロブスターの甲羅を硫酸アンモニウムで抽出すると青い抽出液が得られるが，これを精製すると分子量 32 万の *α*-クラスタシアニンが得られる．*α*-クラスタシアニンは，分子量約 2 万の 2 種の異なるタンパク質が会合し，アスタキサンチン 2 分子を水素結合で取り込んでできた "*β*-クラスタシアニン"（図 1.2）を最小構成単位とし，これがさらに 8 個規則正しく整列することでタンパク質四次構造を形成している．すなわち *α*-クラスタシアニンは，分子量約 2 万のタンパク質 16 個とアスタキサンチン 16 分子からなる巨大なタンパク質複合体ということになる [7]．この巨大なタンパク質複合体の構造決定は半世紀以上にわたって続けられてきたが，2002 年に X 線結晶構造解析が成功し，*β*-クラスタシアニンの立体構造が明らかにされた．そこには 2 つのタンパク質サブユニットのくぼみに沿って結合するアスタキサンチンが明瞭に示されていた [8]（図 1.2）．

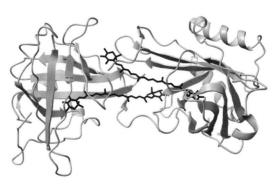

図 1.2　*β*-クラスタシアニンの結晶構造

1.3.3 クラスタシアニンはなぜ青い？

　アスタキサンチンは有機溶媒中で赤橙色を呈するが，α-クラスタシアニンで深い青色，β-クラスタシアニンで紫色を呈する．α-クラスタシアニンの溶液から塩を除くと，その色は青色から徐々に紫色を帯びてくる，この変化は可逆的で塩を加えることで元に戻るが，さらに透析を続けて完全に塩を除くと，紫色のβ-クラスタシアニンになり，こうなると塩を加えても元の青には戻らない．また，α-クラスタシアニンを有機溶媒で処理するとアスタキサンチンが除かれたアポタンパク質が得られるが，再び緩衝液中でアスタキサンチンを加えるとα-クラスタシアニンを再構築することができる[6]．β-クラスタシアニンにおける色の変化は，タンパク質との結合によるアスタキサンチンの立体配座の変化，静電分極，励起子の相互作用などで説明されているが [9]，α-クラスタシアニンに至る極大吸収波長の変化を説明するには十分ではなく，それが何に起因するのかは今後の課題である．

1.3.4 カロテノプロテインの分布

　色素において吸収波長の長波長側への移動は，深色移動と呼ばれ，カロテノプロテインの特徴のひとつに挙げられる．興味深いことに色の変化はタンパク質によって異なる．ジャンボタニシとして知られるスクミリンゴガイの不自然とも言えるピンク色の卵塊がその例である．この卵から得られたオボルビンと名付けられた分子量約30万のカロテノプロテインもまたアスタキサンチンを含むタンパク質であり，その極大吸収波長には20-25nmの深色移動が認められる．オボルビンの詳細な構造はいまだ不明であり深色移動の機構は解明されていないが，クラスタシアニン同様にタンパク質の結合によるアスタキサンチンの発色団の構造変化が関与していると思

われる．オボルビンは夏の過酷な日照から卵を保護する役割を担うと考えられている．

　カロテノプロテインは海綿，サンゴ，ヒトデ，二枚貝等の海洋無脊椎動物に広く見いだされており，そこに結合しているカロテノイドの多くはアスタキサンチンである．アスタキサンチンが結合するタンパク質によって青，ピンク，緑と色が変わる不思議をさらに解明するためには，タンパク質全体がどのような形であるのか，その中でアスタキサンチンはどのような形で結合しているのかを比較する必要があり，今後の研究が期待される．カロテノプロテインは，海洋生物におけるカロテノイドの利用形態のひとつであるが，生理作用や生態的な意義には未解明な点が多い．

1.4　アスタキサンチンの生理機能

　アスタキサンチンは生物の色調に関与して，コミュニケーション物質として働いているのみならず紫外線の吸収，活性酸素種の消去，脂質過酸化の抑制，種によってはレチノールやレチナールといったビタミンA群の前駆体として働くと推定されている．特に海洋生物でその機能・生理作用は顕著である．魚卵に含まれるアスタキサンチンは卵発生や分化に欠かせないビタミンAの供給源になっている．また，アスタキサンチンを含まない餌でサケの稚魚を育てると，その生存・成長率や活動性が著しく低くなる．海洋動物におけるアスタキサンチンの重要性に関しては科学的に立証されたものが多く，実際に，アスタキサンチンは魚類の養殖で色揚げ（成魚の色調の調節）に有用であるばかりか，卵発生や稚魚の成育向上のため餌に添加して利用されている．

　また，多くのカロテノイドで免疫系を活性化する作用，発がん抑

制，糖尿病抑制，肥満予防，メラニン産生抑制等の多様な生理活性が見いだされ，サプリメントや化粧品などにも広く利用されている．しかし，それらの研究の多くはマウスなどの実験動物や病態モデル動物での観察にとどまり，臨床研究については数，規模ともに少ないのが現状である．ヒトに対する効果の立証は今後の研究にゆだねられる [10]．

1.5 まとめ

　動物はカロテノイドを自ら合成できず，植物や微生物，あるいは他の動物由来のカロテノイドを摂取し，それを体内で変換して利用している．海洋生物は，実に多様なカロテノイドを持っている [11, 12]．酸化により官能基化されたキサントフィル群は特に海洋生物に広く存在するが，アスタキサンチンはその代表といえる．他にもアセチレン構造が特徴のジアトキサンチンや，アレン構造で知られるフコキサンチンなど微細藻類由来のカロテノイドに加え，それらがホヤや二枚貝などの体内で代謝された多様なカロテノイドが多数報告されているが，それぞれの生物における役割や体内での変換・蓄積機構はほとんどわかっていない．食物連鎖でカロテノイドが動物にわたり変換され，蓄積・利用される過程を掌握することは，まさに天然物化学を武器に海洋生物の「いきざま」を理解することにつながる．

文献

[1] 三室守・高市真一・富田純史：カロテノイド　その多様性と生理活性，裳華房 (2006)
[2] Seybold, A., Goodwin, T.: *Nature*, **184**, 1714 (1959)

[3] Fox, D. L.: *Nature*, **175**, 942（1955）

[4] Lopes, R. J. *et al.*: *Current Biology*, **26**, 1427-1434（2016）

[5] 安藤清一・羽田野六男：化学と生物 , **24**, 792-798（1986）

[6] Cheesman, D. *et al.*: *Proceedings of the Royal Society of London. Series B. Biological Sciences*, **164**, 130-151（1966）

[7] Quarmby, R. *et al.*: *Comparative Biochemistry and Physiology Part B: Comparative Biochemistry*, **56**, 55-61（1977）

[8] Cianci, M. *et al.*: *Proceedings of the National Academy of Sciences*, **99**, 9795-9800（2002）

[9] Loco, D. *et al.*: *Journal of Physical Chemistry Letters*, **9**, 2404-2410（2018）

[10] Subramani, P.A. *et al.*: *Natural Products in Clinical Trials: Volume 1*, **1**, 79（2018）

[11] Matsuno, T.: *Fisheries Science*, **67**, 771-783（2001）

[12] Maoka, T.: *Marine drugs*, **9**, 278-293（2011）

第2章

海洋天然物の草分け カイニン酸

2.1 はじめに

　カイニン酸は，海藻の一種，カイニンソウ（*Digenea simplex*）から見いだされた海洋天然物のひとつである（図2.1）[1]．カイニンソウは日本の近海で得られるカイニンソウ属フジマツモ科の一種であり，紀伊半島から九州西岸，沖縄および台湾など，温暖な海に生息している．大きさは7～20cm，暗紅紫色で細かい毛のようなもので覆われた藻で，別名マクリとも呼ばれている．

　古来より，カイニンソウの煎じ液を服用することで，ヒトに寄生する回虫を駆除できることが知られていた．虫下しの成分は何か？について興味を持った天然物化学者たちは，研究を重ねた結果，カイニン酸であることを突き止めた．1950年代のことである [2, 3]．構造解析の結果，カイニン酸は非タンパク質性のアミノ酸の一種であることがわかった．その構造には，うまみの成分として知られて

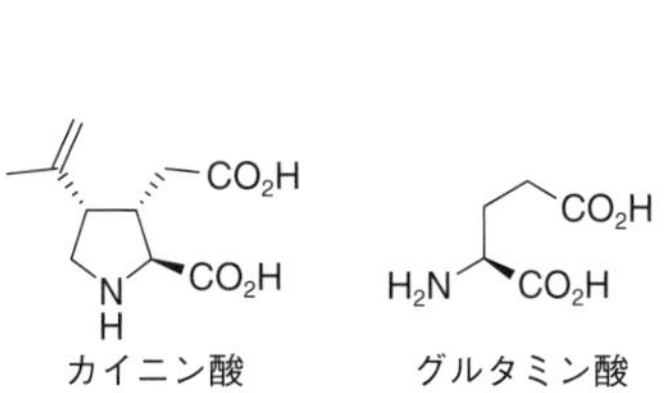

図2.1　カイニン酸とグルタミン酸の化学構造式

いるグルタミン酸の構造が含まれている．カイニン酸の構造が明らかになった 1950 年代は，グルタミン酸が脳の主要な興奮性神経情報伝達物質であることが発見された時代でもあった [4, 5]．グルタミン酸と構造が似ていることがヒントとなって，カイニン酸が強力な興奮性の神経伝達物質であることも明らかになっていった．

2.2　カイニン酸の単離・構造決定

カイニン酸は，カイニンソウの水抽出物からカラムクロマトグラフィーと再結晶を繰り返すことで，無色針状結晶として得られる（図 2.2）．機器分析が現在ほど発達していなかった当時，カイニン酸の構造を明らかにすることは容易なことではなかった．カイニン酸そのものの分析に加え，カイニン酸を化学誘導して得られる生成物が丹念に調べられた．さまざまな状況証拠をつなぎ合わせることで，窒素を含む 5 員環骨格にグルタミン酸が固定された構造を持っていることが明らかになった．

カイニン酸と構造がよく似た天然物として，ドウモイ酸やアクロメリン酸が見いだされている（図 2.3）[6]．ドウモイ酸は紅藻ドウモイ（フジマツモ科ハナヤナギ）から見いだされた天然物である．1987 年，カナダ東海岸において，ムラサキイガイによる記憶の喪失を伴う食中毒が発生した．その原因物質としてドウモイ酸が見いだされた．アクロメリン酸はキシメジ科カヤタケ属のキノコであるドクササコから見いだされた天然物である．ドウモイ酸とアクロメリン酸の構造を比べると，いずれもグルタミン酸が，窒素を含む 5 員環に固定されていることがわかる．ドウモイ酸とアクロメリン酸もまた，カイニン酸と同様に強力な神経興奮活性を示す．

カイニンソウ　1.5 kg

↓ 水抽出
　濃縮

残渣

↓ 温メタノール抽出
　濾過・濃縮

残渣

↓ アルミナカラムクロマトグラフィー
　エタノール：水＝70：30 ～ 40：60 を集める

エタノールを留去した水溶液

↓ 酢酸鉛添加

沈殿

↓ 硫化水素添加（脱鉛処理）
　減圧濃縮

残渣

↓ 再結晶　80％エタールと水

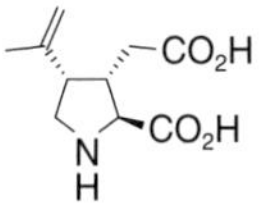

分子式：$C_{10}H_{15}NO_4$（分子量 213.23）
融点 251℃（分解）
比旋光度〔α〕$_D$ −14.1°（水）

カイニン酸

図 2.2　カイニン酸の単離スキーム

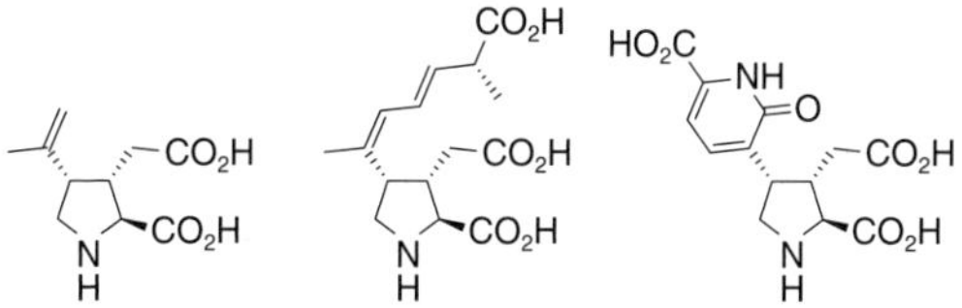

カイニン酸　　ドウモイ酸　　アクロメリン酸

図 2.3　カイニン酸，ドウモイ酸，アクロメリン酸の化学構造式

2.3 カイニン酸の生物活性

カイニン酸にグルタミン酸の構造が含まれていることに着目した薬理学者は，ラット大脳皮質を用いてカイニン酸の神経興奮活性を調べた．その結果，グルタミン酸よりもはるかに強い神経興奮活性を示すことを発見した [7]．これによって，カイニン酸が回虫の神経に作用し運動を麻痺させることによって，虫下しとして働くことがわかった．カイニン酸はどのようにして神経を興奮させているのか？　その仕組みを探る研究がさらに進められた．その結果，カイニン酸はグルタミン酸と同様に，グルタミン酸受容体に結合して，脳神経の情報を伝達していることがわかった．

グルタミン酸を受容するタンパク質はグルタミン酸受容体と呼ばれている（図 2.4）．グルタミン酸受容体は情報を伝達する仕組みの違いにより，代謝調節型とイオンチャネル型の大きく 2 つに分け

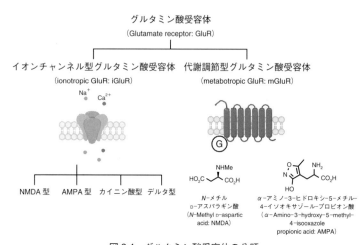

図 2.4　グルタミン酸受容体の分類

られる．そのうち，イオンチャネル型グルタミン酸受容体は，カイ
ニン酸型，AMPA型，NMDA型，およびデルタ型の4つに分類さ
れる．カイニン酸型受容体は，その名前の通り，カイニン酸が選択
的に結合する受容体に名付けられた．カイニン酸が，イオンチャネ
ル型グルタミン酸受容体の分類に貢献していることがわかる．

　グルタミン酸受容体は，記憶，学習，運動機能や脳の可塑性など
の高次脳機能を調節しているだけでなく，その機能不全が，うつ
病，片頭痛，統合失調症，アルツハイマー病，ハンチントン病，筋
萎縮性側索硬化症（ALS），脳卒中，てんかんなどの疾病と関連し
ていることが多くの研究で明らかになった．カイニン酸は，脳神経
機能や脳疾患と，カイニン酸型グルタミン酸受容体の関連を調べる
試薬として大いに役立っただけでなく，現在でも研究に欠かせない
試薬となっている．

2.4　カイニン酸の受容体選択性と立体配座

　グルタミン酸は鎖状の分子であり，水溶液中では分子内の共有単
結合は自由に回転できる．グルタミン酸は細分化されたグルタミン
酸受容体のすべてに結合する情報伝達物質であるが，先に述べたよ
うに，カイニン酸はカイニン酸型受容体に選択的に結合する．図
2.5にはカイニン酸がカイニン酸受容体と結合しているときの立体
構造を示している．グルタミン酸の構造を抜き出してみると，グル
タミン酸の2つのカルボン酸が近づいた折れ曲がった構造をしてい
る．このことから，カイニン酸型受容体では，グルタミン酸が折れ
曲がった形で結合していることが明らかになった．カイニン酸のよ
うにグルタミン酸の構造が固定されていると，受容体を選択する性
質を示すようになることが，カイニン酸の研究をはじめとする多く

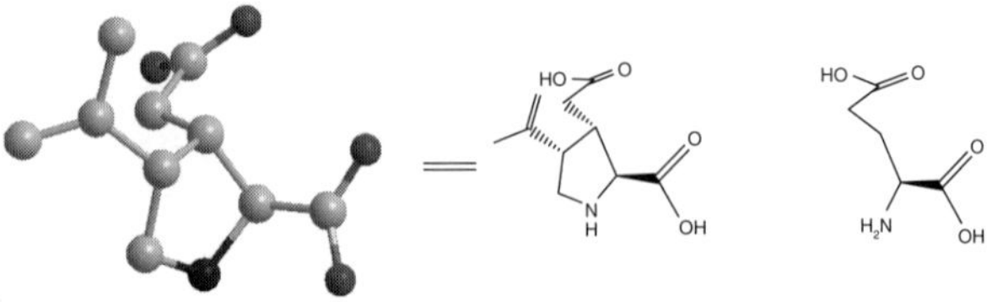

グルタミン酸受容体と
結合しているカイニン
酸の立体構造

カイニン酸

L–グルタミン酸

図2.5 カイニン酸とグルタミン酸の立体構造

┌─ コラム1 ─────────────────────────────────

回虫駆除

回虫や条虫は動物の腸内に寄生する線虫の仲間である。世界における回虫の感染者は約10億人と言われ，回虫が腸や胆管（肝臓と胆嚢から小腸まで伸びている管）を塞ぐことが原因で毎年2万人（ほとんどは小児）の命が失われているという。ひと昔前の日本でも回虫による被害は深刻であった。1930年代の本邦生薬リストには，マクリ（カイニンソウ）やシナヨモギ（別名ミブヨモギ，*Artemisia Maritime*，キク科）などが回虫駆除に効果を示す生薬として掲載されている。これらは回虫をしびれさせ，麻痺した回虫は腸から外に追い出される。これらの生薬の成分研究から回虫駆除に効果を発揮する成分が明らかにされた。なかでも，シナヨモギから得られたサントニン（図）とカイニンソウから得られたカイニン酸の合剤が駆虫薬として広く用いられた。

現在でも，発展途上国の多くの人々が回虫を含む寄生虫に苦しめられている。治療薬としてアルベンダゾール，メベンダゾールなどの合成医薬品やアベルメクチンの半合成誘導体であるイベルメクチン（図）が用いられている。ア

の研究から明らかになった．これによって，分子の構造をもとに，脳神経の情報伝達の仕組みを理解する研究が大きく花開いた．

文献

[1] 渡邉 信 監修：藻類ハンドブック，エヌ・ティー・エス（2012）
[2] 竹本常松・清水然昌：薬学雑誌，**73**，1026（1953）
[3] 渡邊久禮・中野浩・高野忠義・森本明：薬学雑誌，**74**，215（1954）
[4] Hayashi, T.: *Jpn. J. Physiol.*, **3**, 46（1952）
[5] Watkins, J. C., Jane, D. E.: *British J. Pharm.*, **147**, 100（2006）
[6] 野口玉雄：日本水産学雑誌，**69**，859（2003）
[7] 篠崎温彦：日薬理誌，**116**，125（2000）

ベルメクチンは，大村博士（北里大学）が放線菌の一種，*Streptomyces avermitilis* の発酵産物から見いだした天然物である．本分子は腸管糞線虫症，疥癬の駆除，フィラリア予防に顕著な効果を示し，寄生虫の薬として10億人もの人々を救った．この功績により大村博士は，2015年ノーベル生理学・医学賞を授与された．天然物から薬が生まれ人類に貢献した例である．

サントニン

イベルメクチン
（R = Et or Me）

図　サントニンとイベルメクチン

（品田哲郎）

第3章

異常ペプチド化合物 デプシペプチド

3.1　はじめに

　海洋生物由来のペプチド類は，その構造多様性と特異な生物活性
から創薬研究への応用を指向した合成研究が世界各地の研究グルー
プによって検討されている．本章では，ペプチド系天然物の中でも
海洋天然物によく見られるペプチド結合とともにエステル結合が含
まれるデプシペプチド類について焦点を当てて，具体的な化合物を
示しながらそれらの特徴的な構造と生物活性などについて紹介した
い．

3.2　デプシペプチドとは

　一般的にペプチド化合物といえば，アミノ酸同士が縮合すること
でアミド結合（ペプチド結合）を形成し，連なったものを指す．一
方，ペプチド鎖中の1つ以上のアミド結合がエステル結合に置き換
わっているものを，特にデプシペプチドと呼ぶ [1]．これは，ペプ
チド結合が形成された後にエステル結合に置き換わるのではなく，
アミノ酸の代わりにヒドロキシカルボン酸誘導体が生合成の過程に
おいて組み込まれ，アミノ酸との縮合によるエステル結合の形成に

より構築される．鎖状構造のペプチドやデプシペプチドは，生体内において容易に加水分解を受けることで代謝されうるため，安定性の問題からこれまで医薬品への応用が難しいと考えられていた．一方，最近の研究から（1）D-アミノ酸の導入，（2）アミド結合へのN-メチル基の導入，（3）複素環の導入，（4）環状ペプチド化，などの修飾を施すことにより，生体内での安定性が向上することが明らかにされ，ペプチドを利用した創薬研究が再び注目されている[2, 3]．興味深いことに海洋生物からは，上記に示すような構造的特徴をあらかじめ有するペプチド系天然物が多く単離・構造決定されていることから，海洋生物が重要な創薬資源となることが容易に想像できる．デプシペプチド構造を有する生物活性天然物は，鎖状および環状構造を有するものがそれぞれ多く単離・構造決定されているが，本章ではホヤから見いだされたジデムニン類，ラン藻類から単離されたラーガゾールを取り上げ，それらの構造的特徴や生物活性について紹介する．

3.3 ジデムニン類

ホヤから単離・構造決定されたジデムニン（didemnin）類は，6つのアミノ酸で構成される環状デプシペプチド構造を基本骨格にもち，ペプチド側鎖が結合した構造を有する海洋天然物で，側鎖の構造によりA，B，C…に分類される（図3.1）[4, 5]．特に，カリブ海に生息するホヤの一種である *Trididemnun solidum* から単離されたジデムニンBは，側鎖に乳酸（Lac）とプロリン（Pro），および N-メチルロイシン（MeIle）からなる L-Lac-L-Pro-L-MeIle 構造を有し，がん細胞に対して強力な細胞増殖抑制効果を示すことがイリノイ大学の Rinehart らによって明らかにされた[4]．さらに興味

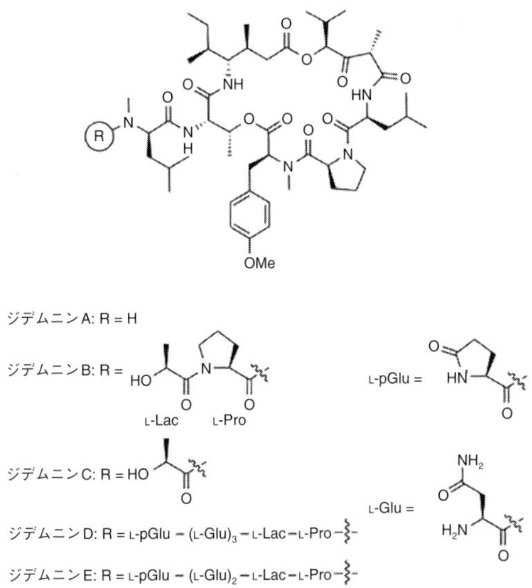

ジデムニン A: R = H

ジデムニン B: R =

L-Lac L-Pro

L-pGlu =

ジデムニン C: R = HO

L-Glu =

ジデムニン D: R = L-pGlu – (L-Glu)$_3$ – L-Lac – L-Pro –

ジデムニン E: R = L-pGlu – (L-Glu)$_2$ – L-Lac – L-Pro –

図 3.1　ジデムニン類縁体の構造

深いことに，白血病細胞を移植したマウスに対してジデムニン B
を投与した結果，顕著な延命効果が観測されたことにより，新規抗
がん剤としての期待が高まり，ジデムニン B の臨床試験が検討さ
れた．臨床試験を行うためには，十分な純度と量の化合物を準備す
る必要があるが，ホヤから単離される量が微量であったことから，
有機化学による合成的供給（全合成）を達成して [5] 量的供給の
問題を解決し，臨床試験が開始された．1990 年代初頭から 2000 年
にかけて臨床試験が行われたが，重篤な心毒性などの副作用から試
験そのものが中止されることになり，医薬品への応用を断念せざる
を得なかった．この結果は非常に残念なものであったが，ジデムニ
ン B の作用機序がこれまでになく新しいものであったことから，

毒性が低く，かつ治療効果の高い類縁体の探索が引き続き検討されることとなった．

その後，地中海に生息するホヤの仲間である *Aplidium albicans* からジデムニン B に構造が非常に良く似たデヒドロジデムニン B（dehydrodidemnin B）が見いだされた [6, 7]．これは，ジデムニン B が有するペプチド側鎖部位の L-Lac 部分が酸化されてピルビン酸（Pyruv）に変わった類縁体であった．このデヒドロジデムニン B について各種がん細胞に対する活性試験を行うと，興味深いことにジデムニン B よりも強い生物活性を示すだけでなく（表 3.1），腫瘍を移植したモデルマウスを用いた評価においても顕著な

表 3.1　各種がん細胞に対する細胞毒性

マウス白血病細胞（P388）に対する細胞毒性

	ジデムニン B	デヒドロ ジムデニン B
Ⓡ	HO ～ (L-Lac)	O ～ (Pyruv)
P388 IC$_{50}$(ng/mL)	2.0	×10 → 0.2

腫瘍サイズの縮小が認められ [8]，これらの結果よりデヒドロジデムニン B の臨床試験が行われることとなった．複数の臨床試験の結果から，EU およびアメリカにおいて多発性骨髄腫という希少疾病用医薬品（オーファン医薬品）に指定され，また最近ではオーストラリアで承認され，海洋天然物由来の医薬品がまたひとつ誕生した．デヒドロジデムニン B は上記に示した抗腫瘍活性の他に，タンパク質翻訳伸長因子（eEF1A）の阻害に由来する抗ウイルス活性を有することが知られており，最近の研究からこの生物活性が新型コロナウイルス（SARS-CoV-2）に対して有効であることが報告されている [9]．その効果は，治療薬として用いられているレムデシビルの 27.5 倍であり，感染症（COVID-19）治療薬開発に向けたシード化合物として期待されている．

3.4　ラーガゾール

　2008 年にフロリダ大学の Luesch らによって，ラン藻類 *Symploca* から単離・構造決定された 16 員環の環状デプシペプチドである [10]．分子内に特徴的な 2 つの複素環（チアゾール，チアゾリン）を有し，オクタン酸がチオエステル化した長いアルキル側鎖をもつ．ラーガゾール（largazole）は，遺伝子の転写制御にかかわるヒストン脱アセチル化酵素（histone deacetylase，以下 HDAC）に対して強力な阻害活性を示し，これは現在臨床で用いられている抗がん剤 FK228（別名ロミデプシン，イストダックス）に匹敵する．FK228 は，架橋ジスルフィドは細胞内で還元を受けて遊離のチオールを生成し，HDAC の活性中心に存在する亜鉛に配位することで阻害活性を発現する（図 3.2）[11]．一方，ラーガゾールも細胞内においてチオエステルの加水分解により遊離のチオールが生成するこ

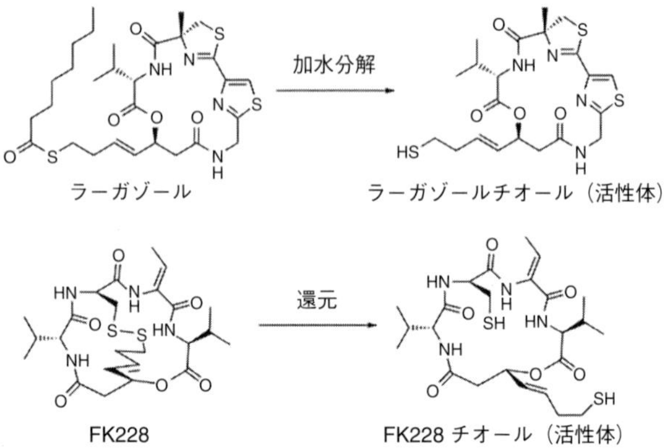

図 3.2 ラーガゾールおよび FK228 の構造と活性体への変換

とで，同様に強力な生物活性を発現する［12］．このことから，天
然物そのものがプロドラッグ（体内で適切な代謝を受けて活性体と
なる化合物）として機能することが理解できる．

　では，デプシペプチド構造が生物活性に与える影響が何である
か，これは環状ペプチドの性質を理解する上でも興味深い点であ
る．これまでに様々な研究グループによって全合成が達成されてい
るが［13-20］，コロラド州立大学の Williams およびハーバード大
の Schreiber らは共同で，ラーガゾールのエステル結合をアミド結
合に置き換えた誘導体を設計・合成し，HDAC に対する阻害活性を
評価することで，分子構造と生物活性の相関関係の解明を検討して
いる［21］．ラーガゾール活性体およびアミド基で置換した誘導体
の合成は，図 3.3 に示すように 2 つの部分構造をアミド化により連
結したのち，マクロラクタム化を行うことで環状ペプチド構造の構
築，最後にチオール基の保護基であるトリチル（Trt）基を除去す
ることで達成している．

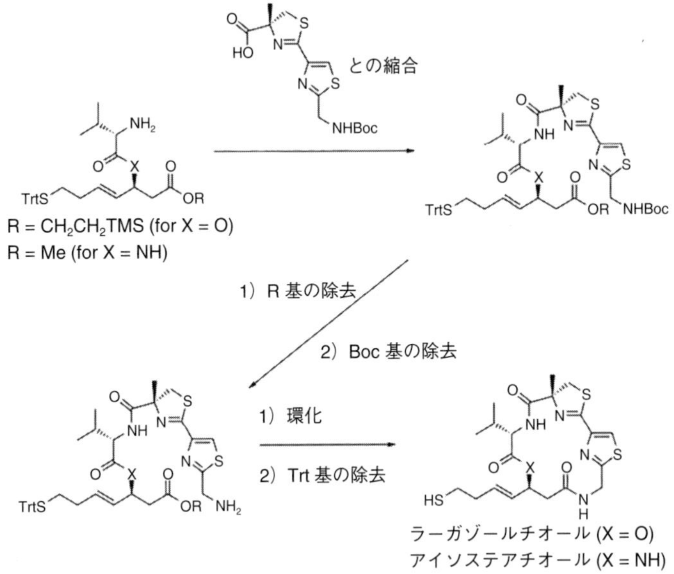

図 3.3 活性体（ラーガゾールチオール：largazole thiol）およびそのアミド置換体の合成

　合成により得られた各化合物について HDAC に対する阻害活性を評価すると，アミド置換誘導体の方が天然物に比べて阻害活性が低下することが明らかとなったことから，強力な阻害活性にはエステル結合の存在が重要であることがわかる（図 3.4）．Williams らは FK228 についてもアミド置換体を合成・評価することで，アミド置換体が天然物に比べて阻害活性が低下することをあわせて見いだしている．アミド結合は，窒素上の水素原子が水素結合のドナー（供与体）として働くことが知られていることから，エステル結合をアミド結合で置換したことにより水素結合ドナーが増え，HDAC

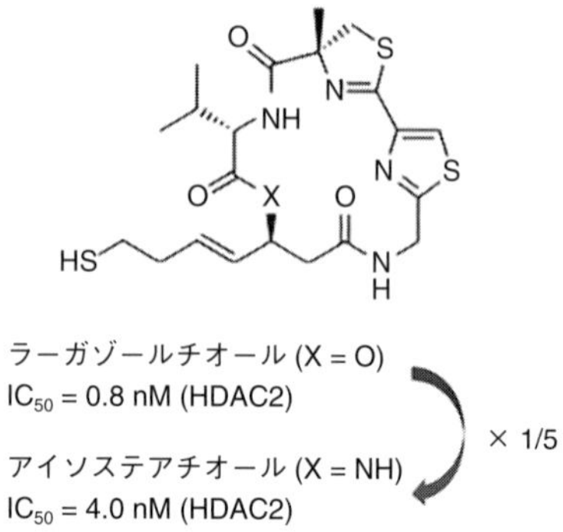

ラーガゾールチオール (X = O)
IC_{50} = 0.8 nM (HDAC2)

アイソステアチオール (X = NH)
IC_{50} = 4.0 nM (HDAC2)

× 1/5

図 3.4　HDAC 阻害活性の差

との結合様式が変化したことが活性低下の理由のひとつとして考えられる.

3.5　ま と め

このように，海洋生物からはジデムニン類やラーガゾールのように多様な構造を持つデプシペプチド類が単離・構造決定され，その多くが特徴的な生物活性を示すことから医薬品開発における有用なシーズとして注目されている．現在も海洋生物からは有用な生物活性を示す天然物が報告されていることからも，我々が予想しない構造や生物活性を有する創薬研究に貢献するようなペプチド化合物が今後も見いだされることが期待される.

文献

[1] Compendium of Chemical Terminology Gold Book, International Union of Pure and Applied Chemistry, Ver 2.3.3（2014）

［2］ Zorzi, A. *et al.*: *Curr. Opin. Chem. Biol.*, **38**, 24-29（2017）

［3］ Henninot, A. *et al.*: *J. Med. Chem.*, **61**, 1382-1414（2018）

［4］ Rinehart, K. L. *et al.*: *Science*, **212**, 933-935（1981）

［5］ Rinehart, K. L. *et al.*: *J. Am. Chem. Soc.*, **103**, 1857 -1859（1981）

［6］ Crews, C. M. *et al.*: *J. Bio. Chem.*, **269**, 15411-15414（1994）

［7］ Crews, C. M. *et al.*: *Proc. Nat. Acad. Sci. USA*, **93**, 4316-4319（1996）

［8］ Urdiales, J. L. *et al.*: *Cancer Lett.*, **102**, 31-37（1996）

［9］ White, K. M. *et al.*: *Science*, **371**, 926 -931（2021）

［10］ Taori, K. *et al.*: *J. Am. Chem. Soc.*, **130**, 1806-1807（2008）

［11］ Nakajima, H. *et al.*: *Exp. Cell Res.*, **241**, 126-133（2005）

［12］ Bowers, A. A. *et al.*: *J. Am. Chem. Soc.*, **111**, 11219-11222（2008）

［13］ Ying, Y. *et al.*: *J. Am. Chem. Soc.*, **130**, 8455-8459（2008）

［14］ Ghosh, A. K., Kulkarni, S.: *Org. Lett.*, **10**, 3907-3909（2008）

［15］ Ren, Q. *et al.*: *Synlett*, 2379-2383（2008）

［16］ Numajiri, Y. *et al.*: *Synlett*, 2483-2486（2008）

［17］ Wang, B., Forsyth, C. J.: *Synthesis*, 2873-2880（2009）

［18］ Benelkebir, H. *et al.*: *Bioorg. Med. Chem.*, **19**, 3650-3658（2009）

［19］ Ghosh, A. K., Kulkarni, S.: *Org. Lett.*, **10**, 3907-3909（2011）

［20］ Chen, Q. -Y. *et al.*: *Org. Process Res. Dev.*, **22**, 190-199（2018）

［21］ Bowers, A. A. *et al.*: *J. Am. Chem. Soc.*, **131**, 2900-2905（2009）

第 4 章

サンゴの天敵にかかわる天然物

4.1　はじめに

　多様な生物が生息するサンゴ礁は，貴重な生態系を形成しながら人々の生活と深く関わってきた．たとえば，豊かな漁場や，美しい景観をつくり出しているために，水産業や観光業に重要な存在となっている．また，サンゴ礁域に生息する生物からは抗腫瘍性物質や抗菌物質などが単離されており，医薬品資源としても重要である．しかし，サンゴの生育環境の悪化により世界的にサンゴが減少していることが，大きな問題となっている．サンゴが減少する原因としては，地球温暖化による海水温上昇，水質汚染，サンゴを食害する海洋生物などさまざまな要因が関係していると考えられているが，本章ではサンゴの天敵としてよく知られているオニヒトデの摂餌行動にかかわる化合物と，生きたサンゴを覆って殺してしまうテルピオス（*Terpios hoshinota*）というカイメンが生産する化合物を題材として，海洋天然物化学の研究がどのように進められるかについて紹介したい．

4.2　サンゴを食害するオニヒトデ

　オニヒトデはサンゴを好んで食べる大型のヒトデで，体の大きさ

は通常 30cm 前後であるが，最大 60cm くらいになるといわれている．背面はたくさんの棘で覆われているが，体は柔軟で，サンゴの狭い隙間に入り込むことができる．琉球列島では周期的に異常発生したオニヒトデによるサンゴの食害が大きな問題となっており，オニヒトデの駆除作業が定期的に行われている（図 4.1）．

　オニヒトデはサンゴを食べつくした後，別のサンゴに含まれるある特定の化合物を感知して移動すると考えられているが，その詳細についてはわかっていなかった［1］．このような状況の中，上村大輔ら（名古屋大）は沖縄県のある漁師から興味深い話を聞くことができた．民芸品の材料となるラッパウニの殻を調達するために，ラッパウニに穴をあけて海底に沈めたところ，沈めてから 2〜3 日後，普段はオニヒトデが見られない砂地の海底だったにもかかわらず，多くのオニヒトデがラッパウニの内臓を食べるために群がっていたそうだ．サンゴを好んで食べるオニヒトデがラッパウニの内臓を食べたことから，ラッパウニにはオニヒトデの摂餌行動を刺激する化合物が入っていると考えられたため，この化合物を解明することを目的として研究が行われた．

図 4.1　サンゴを食害するオニヒトデ（カラー図は口絵 1 参照）

4.3　ラッパウニに含まれるオニヒトデ摂餌行動刺激物質の解明

　上村らは，ラッパウニの内臓に含まれる多くの化合物からオニヒトデを集める化合物を見つけるために，まず，琉球大学亜熱帯生物圏研究センター瀬底研究施設の大型水槽（縦5m×横3m×水深3m）を用いて，オニヒトデの摂餌行動刺激物質を決定するための生物活性試験法を検討した．沖縄県沿岸で採集したオニヒトデ15～20匹を大型水槽で流水飼育し，水槽の底にラッパウニを割ってガーゼに包み，ひもで吊るしたサンプルを沈めて，オニヒトデの様子を観察した．7月の炎天下の中，何時間観察してもオニヒトデは水槽の壁面にじっとして動かなかった．ラッパウニを追加しても変化はなく，海水を流すのを止めて実験しても同じ結果だった．ところがある日，昼間沈めて回収し忘れたラッパウニを夜11時頃に回収するために，夜の水槽の様子を観察したところ，昼間壁面でじっとして動かなかったオニヒトデが，水槽の底や壁面で活発に動き，ラッパウニの内臓に群がった様子が確認できた．（図4.2）．このことがきっかけで実験が大きく前進した．それから数日オニヒトデを

図4.2　水槽で行った生物活性試験の様子
(a) ラッパウニを摂餌するオニヒトデ，(b) 試験サンプルに近づくオニヒトデ，(c) 試験サンプルを摂餌し，胃を反転するオニヒトデ．(a) と (c) では，摂餌を開始してから30分経過した時点でオニヒトデを裏返して，摂餌中である（胃袋を体外に出している）ことを確認している．（カラー図は口絵2参照）

注意深く観察したところ，オニヒトデは夜間活発に活動するので，生物活性試験は夜間行うと再現性が良い結果が得られることがわかった．またオニヒトデを水槽に慣れさせるために10日ほど飼育することや海水の温度が高いことも重要であることがわかり，5月〜10月頃が最も生物活性試験に適した時期であることがわかった．

　上記の試験条件において，ラッパウニのエタノール抽出物を海水に懸濁させ，寒天で固めたサンプルを水槽に沈めたところ，オニヒトデが寄ってきて，サンプルに群がる様子とオニヒトデの摂餌行動に特有の"胃の反転"を観察することができた（図4.2）．そこでラッパウニの抽出物に含まれる化合物をクロマトグラフィーで分離し，分離したそれぞれの画分を寒天で固め，どのサンプルにオニヒトデが寄ってくるかを指標にして，オニヒトデの摂餌行動刺激物質を探索した [2]．その結果，ラッパウニに含まれる摂餌行動刺激物質はアラキドン酸とα-リノレン酸であることがわかった．さらに，脂肪酸の炭素鎖の長さや，不飽和度が活性にどのような影響を与えるか調べるために，いくつかの脂肪酸を用いて活性試験を行ったところ，比較的構造が類似しているエイコサペンタエン酸，ドコサヘキサエン酸，γ-リノレン酸，ステアリン酸，およびリノール酸には顕著な摂餌行動刺激効果は確認されなかった．

　次に，α-リノレン酸の位置をオニヒトデが感知できるか確認するために，流水下でY字型水路実験を行った（図4.3）．その結果，α-リノレン酸（53匹）はブランク（31匹）に対して有意のオニヒトデ誘引効果を示し（$\chi^2=6.78$, $P<0.01$），明らかな選択性を示すことを確認した．

　さらに沖縄県から研究用の採捕許可を得て，サンゴに含まれているオニヒトデ摂餌行動刺激物質の決定も行った．その結果，コモンサンゴの抽出物からオニヒトデの摂餌行動刺激物質としてグリシン

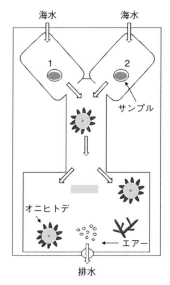

図 4.3　Y 字型水路実験

ベタインとアラキドン酸を得ることができた．グリシンベタインは
オニヒトデの摂餌行動を刺激することが，1970 年代にランダムス
クリーニング的な実験で報告されている．水槽実験では水溶性のグ
リシンベタインは試験開始 30 分後から 3 時間までの短時間で効果
を示すのに対し，脂溶性のアラキドン酸は 3 時間から 8 時間以上
も効果が持続することがわかった．次にこれらの化合物を用いて海
洋でオニヒトデの捕獲実験を行った．水深約 10m の海底に，α–リ
ノレン酸およびグリシンベタインを寒天で固めたサンプルを捕獲ト
ラップに設置したところ，一晩で 10 匹のオニヒトデを捕獲するこ
とができた．また，オニヒトデの粗抽出物にはグリセロリン脂質か
らアラキドン酸を遊離させる酵素（PLA_2）が含まれていることが

知られている．サンゴを食害しているオニヒトデが，自身の持つ酵素によってサンゴに含まれるグリセロリン脂質からアラキドン酸を遊離させ，遊離したアラキドン酸を感知したオニヒトデがさらにサンゴに集まってくると推定している．

4.4 生きたサンゴを覆い殺すカイメン *Terpios hoshinota*

さらに，オニヒトデの研究を通した海底の海洋生物の注意深い観察から，不気味な黒色カイメンの興味深い生態が見いだされた．このカイメン *T. hoshinota* は生きているサンゴを覆いながら成長し，サンゴを死滅させる（図 4.4）．死んだサンゴの上に付着・成長する藻類はよく見かけるが，このようなカイメンはあまり研究されていなかった．そこで上村，照屋らはカイメン *T. hoshinota* がサンゴとの生存競争において，何らかの毒性物質を使っていると考え，カイメン *T. hoshinota* に含まれる化合物を探索したところ，前例のない構造を持つ化合物ナキテルピオシンを発見した（図 4.4）[3]．ナキテルピオシンは微量しか得られず（0.2mg），多くの官能基をもつこの化合物の化学構造の決定は困難を極めた．様々な最先

図 4.4 カイメン *Terpios hoshinota*（左）とナキテルピオシン（右）（カラー図は口絵 3 参照）

端分析機器から得られた情報をひとつひとつ丁寧に解析し，推定した化学構造と，得られた機器分析の情報に矛盾がないか何度も検証を繰り返す必要がある．この作業には時間を要するので，ナキテルピオシンの化学構造を明らかにするまでに多くの時間が必要だった．この化合物がサンゴの死滅にどのように関係するかは，これからさらに研究が必要である．

4.5　おわりに

　オニヒトデの研究を開始するヒントを沖縄の漁師から得て，化学的手法を用いてオニヒトデの摂餌行動に関与する化合物が明らかになった．さらに，同定した化合物を用いることで，生物現象を利用したオニヒトデの駆除法を開発できる可能性が示された．またオニヒトデの研究を通して，カイメンが生きたサンゴを覆って殺してしまう現象が発見され，新規化合物ナキテルピオシンが発見された．ナキテルピオシンは腫瘍細胞に対して強力な毒性を示すことから，新しい抗がん剤の開発につながる可能性がある．

　多様な生物が生息するサンゴ礁では，今後も興味深い生物現象が発見できると考えられる．その生物現象には必ず生物が叡智を結集して作り出した化合物が関わっていると考えられるので，今後もそのような化合物の解明への挑戦が期待される．

文献

[1] Ormond, R.F.G. *et al.*: *Nature*, **246**, 167-169（1973）

[2] Teruya, T. *et al.*: *J. Exp. Mar. Biol.*, **266**, 123-134（2001）

[3] Teruya, T. *et al.*: *Tetrahedron Lett.*, **44**, 5171-5173（2003）

第5章

梯子状ポリエーテル骨格を持つ海洋毒

5.1 はじめに

　分子内に複数のエーテル環を有する一連の天然有機化合物群をポリエーテル化合物と呼ぶ．古くより知られているモネンシンやサリノマイシンなどのポリエーテル系抗生物質もこの化合物群に属するが，本章では海洋天然物に見られる梯子状ポリエーテル化合物を取り上げる．これら一群の化合物は図5.1に示すように，多数の5-9員エーテル環が連続縮環した特徴的な構造を有している．その立体配置は共通しており，たとえば6員環・5員環の2,3位および5,6位はトランス縮環し，2,6位および3,5位はシス配置である．この縮環部分の立体特異性は，後述のように生合成反応によって決定されると考えられている．梯子状ポリエーテル化合物は，陸棲生物からは発見されておらず，海洋生物に特有な二次代謝産物である．魚類や貝類などに含有されているが，真の生産生物は，単細胞藻類である渦鞭毛藻とハプト藻とされている．

　梯子状ポリエーテル化合物が世間に知られるようになった契機は，魚貝類食中毒や赤潮である．これらの化合物は，深刻な食中毒や海洋生物の大量死を引き起こすので大変危険である．一方で，梯子状ポリエーテル化合物は，天然物有機化学，生物有機化学の発展に寄与してきた．特異な化学構造を有するため，機器分析による構

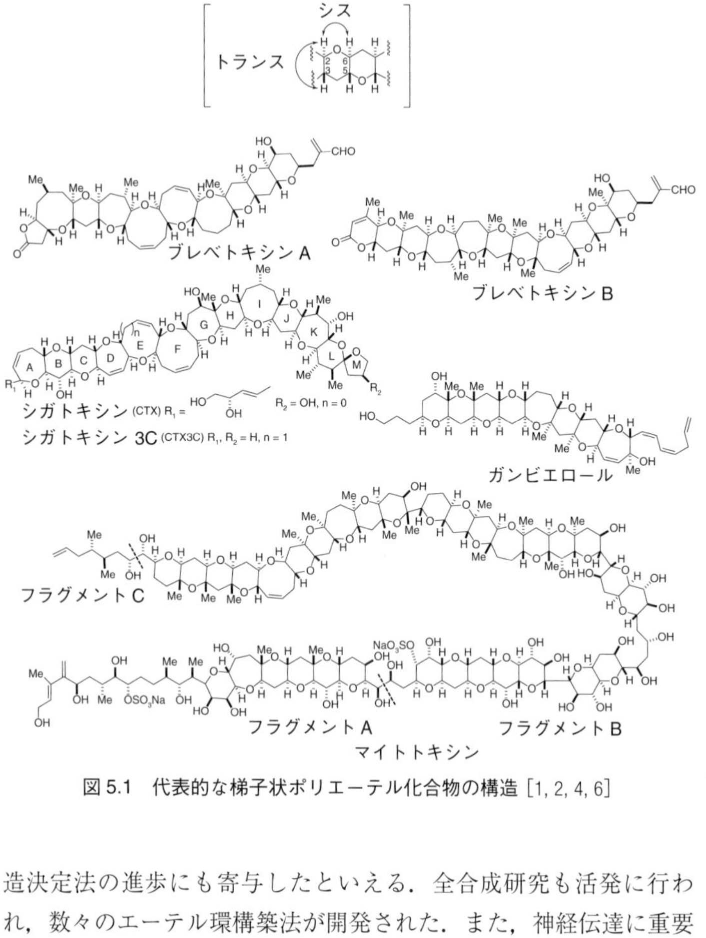

図 5.1　代表的な梯子状ポリエーテル化合物の構造 [1, 2, 4, 6]

造決定法の進歩にも寄与したといえる．全合成研究も活発に行わ
れ，数々のエーテル環構築法が開発された．また，神経伝達に重要
なナトリウムチャネルや細胞内に情報を伝えるカルシウムチャネル
に作用して，強力かつ特異的な生物活性を発現し，生化学・薬理学
的にも興味深い化合物群である．本章では，梯子状ポリエーテル化

合物の構造と有機合成ならびに生合成に関して説明する.

5.2 ポリエーテル化合物の構造と構造決定

　初めて梯子状ポリエーテル骨格が明らかにされた化合物は, ブレベトキシンである. ブレベトキシンは, フロリダ沖で発生する有毒渦鞭毛藻の赤潮による魚類の大量死を引き起こす原因物質として単離され, X線結晶構造解析法により構造決定された [1]. 9個のエーテル環が縮環したブレベトキシンA [2] と10個のエーテル環を有するブレベトキシンB [1] の基本骨格が異なる2種類が存在する. ブレベトキシンは, ナトリウムチャネルに結合して, 細胞内にナトリウムイオンを異常流入させることにより [3], 魚類のみではなく, イルカやマナティーなどの水生哺乳類やヒトにも毒性を示す. ブレベトキシンを生産する渦鞭毛藻は, ブレベトキシンとともに, ヘミブレベトキシン, ブレベナール, ブレビシンなど骨格の異なる多様なポリエーテル化合物を生産している.

　シガテラ関連化合物シガトキシン, マイトトキシンも重要な梯子状ポリエーテルである. シガテラとは, 太平洋, カリブ海, インド洋などの熱帯亜熱帯のサンゴ礁海域で多発する魚類食中毒の総称である. シガテラの患者数は, 年間2万人と推定され, 魚貝類食中毒としては世界最大規模のものである. シガテラには, 構造・作用ともに異なるシガトキシンとマイトトキシンの2つの有毒成分群が関与している. いずれの毒も渦鞭毛藻が生産する. シガトキシンやマイトトキシンを生産する渦鞭毛藻を食した藻食性魚類に毒が移行し, さらに毒化した藻食魚類を肉食魚類が捕食し, これらの成分が, 移行蓄積される. このように, 本来無毒な魚類が食物連鎖により毒化し, 有毒魚を食べたヒトに中毒を引き起こす. これらのう

ち，シガトキシンがシガテラの主要毒である．シガトキシンには，多数の類縁体が存在する．

　シガトキシンの化学構造は，機器分析法である NMR 法により決定された［4］．4 トンのドクウツボから単離されたシガトキシンの量はわずか 0.4 mg であり，1980 年頃の技術レベルではかなり困難な構造決定であった．シガトキシンには分子中央付近の EF 環に二重結合を含む 9 員と 7 員のエーテル環が隣接して存在する．この中員環部分が，常温でゆっくりした配座変換を起こすため，NMR シグナルの広幅化が起こり，水素数個分のシグナルが観測されなかった．シガトキシンでは，低温測定によりシグナルがはっきり見えるようになり，9 員環エーテルが安定型配座に優先的に収束したため，構造の帰属を行うことができた．梯子状ポリエーテル化合物の分子中央に存在する中員環は（図 5.1），分子全体に柔軟性を生み出し，標的タンパク質との相互作用に重要と考えられている．また，天然物の構造決定では，化合物の絶対立体配置を決めなければならないが，これには分解反応と化学誘導反応，それに続く HPLC 分析を用いる．図 5.2 に示すように，わずか 5 μg（5 ナノモル）の天然物を用いて 4 段階の反応を行い，最終的に 2 位の絶対立体配置を S 配置と決定した［5］．これは恐らく，試験管のなかで行われた連続する分解・誘導反応における世界最少量記録であろう．

　マイトトキシンは，分子量 3422，分子式 $C_{164}H_{256}O_{68}S_2Na_2$ であり，32 個のエーテル環，28 個のヒドロキシ基，2 個の硫酸エステルを有している．タンパク質，多糖など繰り返しユニットを持つ生体高分子を除き最大の天然有機化合物である［6］．その生物活性の強さも特筆するものがあり，腹腔内投与では，わずか 1mg の量で 20g のマウスを 100 万匹殺すことができ，フグ毒テトロドトキシンの 200 倍の強さである．

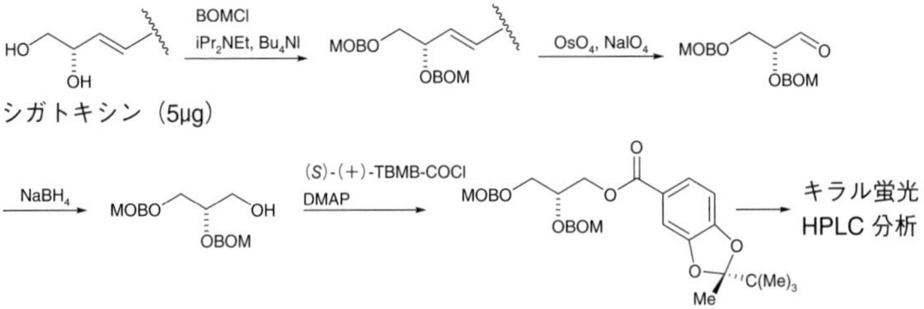

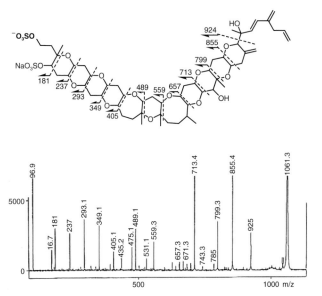

図 5.2 シガトキシンから側鎖立体配置決定に使用した誘導体の調製. 5μg のシガトキシンから 4 段階の反応で誘導体を調製し，標準品と分析時間を比較した [5].

図 5.3 高エネルギータンデム MS/MS による構造決定（イエッソトキシン）. Charge-Remote-Fragmentation により末端硫酸基の負イオンを保持したプロダクトイオンのみが検出される．プロダクトイオンの MS 差から，環の員数（6 員環：56，7 員環：70），置換基の種類が特定できる.

　巨大分子であるマイトトキシンは，NMR シグナルの重なり合いが激しく，構造決定は，化学反応（過ヨウ素酸）によって3つのフラグメントに分解し（図5.1 太破線部分），それぞれのフラグメントの構造解析により行った．最大のフラグメント B の構造決定には，NMR 解析に加えて，高エネルギータンデム質量分析（MS/MS）が相補的に使用された（先に図5.3 に示したイエッソトキシンで，その有用性を証明した）．マイトトキシンには，分子内に硫酸エステルが存在している．負イオン測定では，硫酸基上に電荷が局在するため，高エネルギー開裂で生じたプロダクトイオンには，硫酸基が保持された構造が一義的に決定できた．鎖状部分の立体配置を決定するために，松森ら（現九州大学）によってスピン結合定数を用いた新しい手法（*J* 基準立体配置解析法）が開発された [7]．現在では，この方法は，一般的な鎖状構造の立体配置決定法として使用されている．その他にも，ガンビエロール，イエッソトキシン（図5.3 参照），ジムノシンなどの梯子状ポリエーテル化合物の構造が明らかとされている．

5.3　全合成を目指したエーテル環構築法の開発

　ブレベトキシン，シガトキシン，ガンビエロールなどの梯子状ポリエーテル化合物の全合成が達成されている．複雑な構造を収束的に合成するため，様々なエーテル環構築法が開発されている．

　オレフィン閉環メタセシス反応を鍵反応とした二環構築型ポリエーテル連結法は，2つのフラグメントを連結する際に，フラグメント間に2環を増環しながら連結する分子構築法であり，AB（2）環＋E（1）環＝ABCDE（5）環フラグメント，I（1）環＋LM（2）環＝IJKLM（5）環フラグメントを構築し，5環性 ABCDE 環フラグ

メントと 6 環性 HIJKLM 環フラグメントのカップリングにより，13 個のエーテル環を有する CTX3C の収束的全合成に成功している（図 5.4）[8]．

　別の戦略として，ラクトン由来エノールエステルの B-アルキル

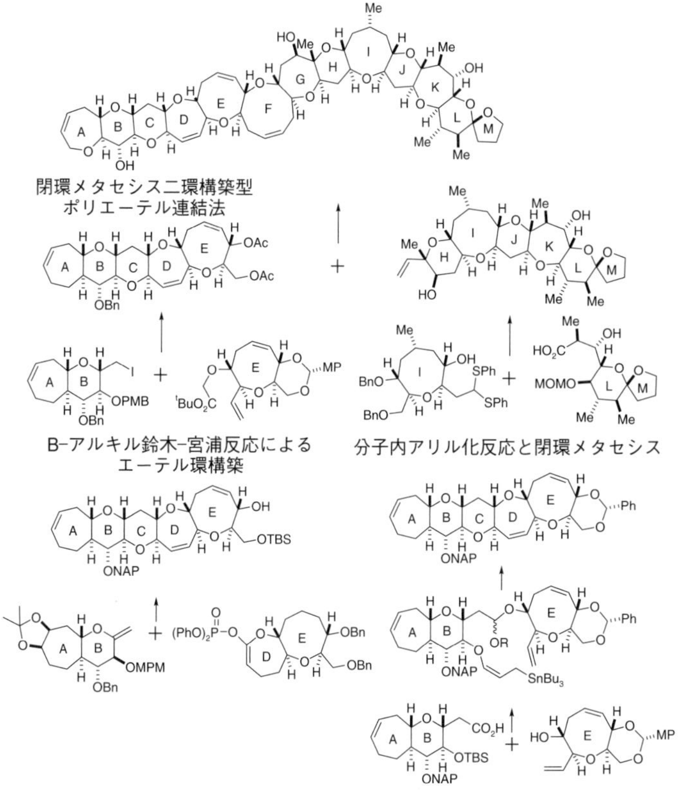

閉環メタセシス二環構築型
ポリエーテル連結法

B-アルキル鈴木-宮浦反応による
エーテル環構築

分子内アリル化反応と閉環メタセシス

図 5.4　シガトキシン 3C 化学合成で見られたエーテル環構築法（平間，佐々木・橘，門田らの方法）[8]

鈴木-宮浦反応を基盤とするエーテル環連結法を鍵反応として，ガンビエロール，ジムノシン，ブレビサミド，ブレビシンの全合成を達成されている．また，分子内アリル化反応と閉環メタセシス反応を組み合わせたポリ環状エーテル骨格の立体選択的な合成により，ブレベトキシン B，ガンビエロール，ブレベナールの全合成が行われている．

5.4 梯子状ポリエーテルの生合成

梯子状ポリエーテル化合物は，ポリケチド経路で生合成される．海洋天然物は，生合成においても植物や微生物由来のポリケチド化合物と異なる特徴をもつ．植物などのポリケチド経路では，生合成出発物質であるアセチル CoA を構成単位とし，Claisen 反応の繰り返しにより酸素を含んだ炭素鎖が生合成されるが，梯子状ポリエーテル化合物では，Claisen 反応後に，転位を伴う脱炭酸反応が起こる．

梯子状ポリエーテル化合物を特徴づけている縮環エーテル構造は，エポキシドの開環反応で生成する（図5.5）．梯子状ポリエーテル生合成におけるエポキシド開環反応は，化学的に不利な6員環型（5員環ではなく）に位置選択的に進行することが特徴である．エーテル環の酸素は，^{18}O の取り込み実験により，分子状酸素に由来することが明らかになっている．炭素鎖形成後に，酸化によりエポキシド中間体が生成し，エポキシド開環反応により，縮環ポリエーテル構造が形成される．

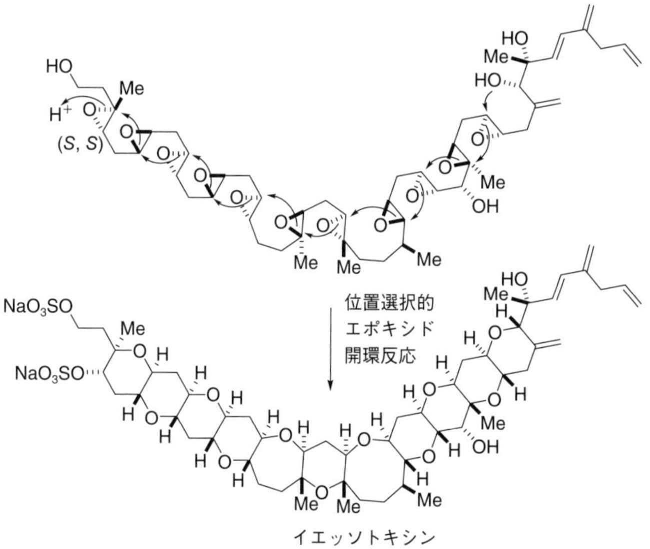

図 5.5　推定エポキシド生合成中間体の位置選択的なエポキシド開環反応による梯子状ポリエーテル構造の生成機構

5.5　おわりに

　梯子状ポリエーテル化合物の構造決定や合成研究では，その複雑な構造ゆえ，様々な独自の手法が開発され，大きな進歩が見られた．一方，梯子状ポリエーテル化合物の作用は，明らかとなっているものは少ない．ブレベトキシン，シガトキシンは，ナトリウムチャネルに作用することが明らかとされているが，作用部位などは不明である．梯子状ポリエーテル化合物の強力な作用機構解明や生合成など，今後解明されるべき謎が多く残されている．

文献

[1] Lin, Y.-Y. , Nakanishi, K. *et al.*: *J. Am. Chem. Soc.*, **103**, 6773 (1981)

[2] Shimizu, Y. *et al.*: *J. Am. Chem. Soc.*, **108**, 514 (1986)

[3] Catterall, W. A.: *Physiol. Rev.*, **72**, S15 (1992)

[4] Murata, M., Yasumoto, T. *et al.*: *J. Am. Chem. Soc.*, **111**, 8929 (1989)

[5] Satake, M., Yasumoto, T. *et al.*: *J. Am. Chem. Soc.*, **119**, 11325 (1997)

[6] Murata, M., Yasumoto, T. *et al.*: *J. Am. Chem. Soc.*, **116**, 7098 (1994)

[7] Matsumori, N. *et al.*: *J. Org. Chem.*, **64**, 866 (1999)

[8] Hirama, M. *et al.*: *Science*, **294**, 1904 (2001)

コラム 2

機器分析

有機化合物の構造決定には，一般に機器分析が用いられる．よく用いられる方法としては，核磁気共鳴スペクトル（NMR），赤外線吸収スペクトル（IR），質量分析（MS）などが挙げられる．

核磁気共鳴スペクトルは，強力な磁石と電磁波を用いて，^{1}H や ^{13}C などの核の状態を測定する方法である．この方法により，測定する核がどのような状態にあるかを識別することができる．高感度で測定するために，超伝導磁石が用いられる．最近では，タンパク質の構造解析でも力を発揮している．医療診断で用いられる MRI も基本的には同じ原理によるものである．

物質に日光が当たると温まるのは，赤外線が吸収されて熱に変わるためである．赤外線吸収スペクトルは，このような物質が赤外線を吸収する様子を測定するものである．この測定により，特に物質中のさまざまな共有結合が詳細に識別できるため，多種類の化学結合を持つ化合物の解析に役立つ．

質量分析は，分子の質量を測定できる．イオン化した分子をイオンビームとして飛ばし，磁場の効果を用いると質量がわかる．2000 年のノーベル化学賞（田中耕一博士，島津製作所）は，質量分析におけるイオン化法の開発であり，この成果により，それ以前は困難であったタンパク質のような高分子についても質量分析が容易に行えるようになった．

このほかには，結晶性化合物についての X 線結晶構造解析が強力である．結晶を通過した X 線により生じる回折像を解析することにより，元の結晶構造を解明できる．測定対象などにより，通常の実験室に設置できる X 線回折装置から，高エネルギー加速器研究機構（茨城県）や Spring-8 大型放射光施設（兵庫県）などの大型施設が使用される．

（木越英夫）

第6章

海から薬 ハリコンドリン B

6.1　はじめに

　本章では，海洋天然物ハリコンドリン B から抗がん剤エリブリンの創薬に至る経緯について述べる．創薬における海洋天然物の魅力と全合成研究の重要性について言及しながら，いかにしてハリコンドリン B からエリブリンが創製されていったか，またそれがもたらした新たな価値について概説していきたい．

6.2　海洋天然物と創薬

　人類は，紀元前の昔から植物など天然物の中から病気や傷の治療に役立つ物を経験的に見いだし，医薬品として活用してきた．現代の医薬においても，天然物を起源とする医薬品が数多く存在する．創薬資源としての天然物の最大の魅力は，その構造の新規性とユニークな生物活性といえる．特に，海洋天然物は，この点において特筆すべき存在であり，医薬品およびそのシード化合物として大いに期待される．一方，海洋天然物からの創薬においては，天然からの産生量が著しく少ないことによる供給面での課題が大きな障壁となることが多い．この解決策のひとつとして全合成技術があるが，化学構造が非常に複雑な場合は，全合成も大きなチャレンジとなる．

6.3 海洋天然物ハリコンドリンB

6.3.1 ハリコンドリンBの単離と生物活性

　ハリコンドリンBは，1985年に平田義正，上村大輔らによりクロイソカイメンより単離，構造決定された [1, 2]．クロイソカイメン500kgから単離されたハリコンドリンBはわずか12.5mgであった．ハリコンドリンBの化学構造を図6.1に示す．高度に酸化された連続する炭素鎖とマクロラクトン環構造，縮環するテトラヒドロピラン環，テトラヒドロフラン環と2カ所のスピロケタール構造，そして最も特徴的である特異なカゴ状のトリシクロケタール構造など，人間の想像力を遥かに凌駕する化学構造と言える．このハリコンドリンBは，培養がん細胞に対して試験管内で（*in vitro*）非常に強力な殺細胞作用を示し，実験動物を用いた試験（*in vivo*）における強力な抗腫瘍活性も示した．米国国立がん研究所（NCI）は，ハリコンドリンBの強力な抗腫瘍活性と，ビンカアルカロイドやタキサンなどとは異なるユニークな微小管への結合 [3] に着目し，ハリコンドリンBを新規抗がん剤の開発候補品として選定した．そして，天然からハリコンドリンBの大量供給を試みる一大プロジェクトが開始されたが，その産生量の低さから前臨床研究

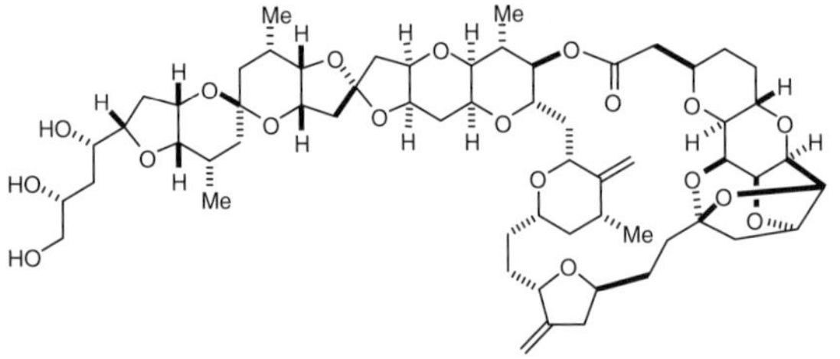

図6.1　ハリコンドリンBの化学構造

に使用する必要量の確保さえ困難な状況であった.

6.3.2 ハリコンドリン B の全合成

ハリコンドリン B の複雑かつ美しい構造は,世界中の合成化学者を魅了しその全合成へと駆りたてた.1992 年,ハーバード大学の岸らはハリコンドリン B の最初の全合成を報告した [4-6].岸らによる全合成の成功は,供給面で暗礁に乗り上げていたハリコンドリン B からの創薬研究に新たな希望をもたらした.しかし,この全合成ルートは 138 工程からなり,そのまま医薬品の製造に応用できる可能性はきわめて低いと言わざるをえなかった.そのようななか,ハーバード大学で合成された右半分の中間体(right half,以降 RH と表記,図 6.2)がハリコンドリン B に匹敵する殺細胞活性を示すことが見いだされた [6].複雑な天然物の構造を,ここまで単純化して,その活性が保持されたきわめて稀な例といえるが,特異なトリシクロケタール構造を含む右側マクロラクトン環骨格にハリコンドリン B の活性が保持された点は大変興味深い.

6.4 抗がん剤エリブリン

6.4.1 ハリコンドリン RH からのエリブリンの創製

ハリコンドリン B の全合成法と RH の発見を起点として,エーザイの研究者はより単純化されたハリコンドリン B 誘導体の探索研究に着手した.RH 構造の中で,活性を減弱することなく構造変換可能な部分は非常に限定的で,C29–C38 部分構造の変換に注力していった(図 6.2).より単純なテトラヒドロピラン環,テトラヒドロフラン環への変換,置換基,側鎖の変換をしていく中で,*in vitro* の殺細胞活性は維持されるものの,最大の課題は,*in vivo* で

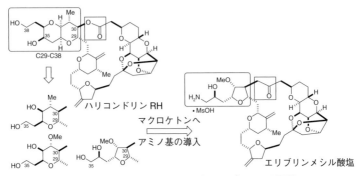

図 6.2　ハリコンドリン RH からエリブリンへの展開

の優れた活性の保持にあった．この点に関しては，非可逆的な有糸
分裂阻害活性［7］の重要性という仮説に基づいたスクリーニング
法による最適化を行い，マクロラクトン環を代謝的により安定なマ
クロ環状ケトンへ変換することにより達成することができた．マク
ロ環状ケトンへの変換は，合成中間体の大幅な変更を伴う全合成上
の大きな戦略転換の決断でもあった．最終的に，末端炭素へアミノ
基を導入することにより，*in vitro* 殺細胞活性，有糸分裂阻害活性
の非可逆性，*in vivo* での活性に優れるエリブリンの創製に至った
［7-9］．

6.4.2　エリブリンの生物活性

　エリブリンは，乳がんや肺がんの治療薬であるタキサンやビンカ
アルカロイドと同様に微小管機能阻害剤であり，微小管からなる紡
錘体が関与する細胞の有糸分裂を阻害し，がん細胞にアポトーシス
を誘導する（コラム 5 参照）［10］．しかしながら，エリブリンの
微小管への結合や阻害様式は従来の微小管機能阻害剤とはまったく
異なっている．タキサンは微小管の内側に広範に結合し，微小管に

異常な重合を促進することで，その機能を阻害する．ビンカアルカロイドは微小管の伸長端と外側に広く結合し，微小管の重合阻害と脱重合を促進する．一方，エリブリンは伸長端にのみ結合し，微小管の重合（伸長）は阻害するが脱重合（短縮）の促進作用は有していない [11]．また，この伸長端への結合親和性は高く，きわめて少ない分子数で微小管の重合を阻害し，また，その結合は強固で不可逆的である [12]．

in vivo 抗腫瘍効果として，乳がん，大腸がん，黒色腫，卵巣がんの細胞株をヌードマウスに移植したモデルで評価し，腫瘍の縮小効果が長期に持続すること，その抗腫瘍作用はパクリタキセル（タキソール）よりも低用量（1/20〜1/40）で得られることが示された [13]．

前臨床研究でユニークかつ優れた作用が確認されたエリブリンであるが，その構造は，化学合成による医薬品としては前例がないほど複雑であった．この化合物を開発候補品として選択し，厳格な品質基準や規制に合致する製造プロセスを確立して大量合成を行い，臨床試験に着手することは大きな覚悟と勇気を要する決断，挑戦であった．

6.4.3 エリブリンの臨床研究

エリブリンの本格的な臨床開発は，米国において被験者への安全性，および，以降の試験の投与用量，投与間隔を決定するフェーズI試験が 2003 年より開始された [14, 15]．承認申請用に既存の薬剤と有効性，安全性を比較する大規模試験としては，海外では進行または再発乳がんを対象としたフェーズ III 試験（EMBRACE 試験）が 2006 年から [16]，国内では進行または再発乳がんを対象としたフェーズ II 試験が 2008 年から実施された [17]．

EMBRACE 試験とは，乳がんの標準化学療法であるアントラサイクリン系およびタキサン系抗がん剤を含む前治療歴のある局所再発あるいは転移性乳がん患者を対象とし，全生存期間を主要評価項目にした試験である．その結果として，エリブリンには対照群（主治医選択治療群）に比べて統計学的に有意な全生存期間の延長が認められた．前治療歴のある転移性乳がんの患者において，単剤で統計学的に有意に全生存期間を延長した世界初めてのがん化学療法剤である [16]．2010 年 11 月に米国，2011 年 3 月に欧州，4 月に日本と三極でのほぼ同時の承認取得を達成し，エーザイ（株）はドラッグ・ラグ（海外で承認されている薬剤が，日本でも承認され使用できるようになるまでの時間差）の解消という課題に対しても日本企業として社会的責任を果たした．

6.4.4 エリブリンの新たな生物活性

EMBRACE を含む臨床試験データの詳細な検討から，エリブリンには抗腫瘍効果のみならず，抗転移作用があることが示唆された．臨床試験で示唆された抗転移作用のメカニズムを解明すべく，新たに前臨床試験を展開した．エリブリンの標的である微小管は，細胞分裂間期（非分裂期）においては，上皮系形質から細胞運動能が亢進している間葉系形質への上皮間葉転換作用（EMT）の維持などに重要な役割を担っている．運動能の低い上皮系細胞に対し，間葉系の細胞は，浸潤転移能亢進などの悪性形質を特徴とする．間葉系細胞の特徴を有するトリプルネガティブ乳がん細胞（薬物治療対象となる 2 種のホルモン受容体，および HER2 受容体が発現しておらず，ホルモン療法，抗 HER2 療法に効果が期待できない悪性のがん細胞）を，*in vitro* でエリブリンで処理すると，上皮系細胞のマーカータンパク質である E-カドヘリンの発現量を増加させ，間

葉系細胞のマーカータンパク質であるビメンチンの発現量を減少させた．この結果は，エリブリンが，分裂間期の乳がん細胞に対して，間葉系の悪性形質を上皮系形質へと転換する間葉上皮転換（MET）作用を有する可能性を示している [18]．また，*in vivo* においてラットの皮下に移植して形成されたヒト乳がん腫瘍では，エリブリン投与によって腫瘍内血液循環の改善が見られた．この作用は臨床試験でも確認され [19–21]，がん細胞の低酸素状態による悪性化応答を抑制すると期待される．

　このようにエリブリンは，「有糸分裂阻害作用」のみならず，「がんの悪性形質抑制」，「腫瘍血液循環の改善」の３つの作用を有し，これらが相互に補完しあうことで，進行性や再発乳がんに対して腫

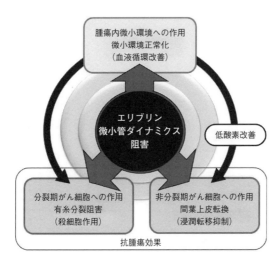

図 6.3　想定されるエリブリンの抗腫瘍効果の作用機序仮説
（文献 22 より）

瘍増殖抑制と浸潤転移抑制を含む抗腫瘍効果を発揮するものと考えられる（図6.3）[22].

6.5　まとめ

　以上述べてきたように，ハリコンドリンBは，*in vitro* 細胞毒性と *in vivo* の抗腫瘍活性を有する天然物として発見され，抗がん剤としての開発が期待されたが，天然からの極微量な供給量のため開発は中断された．その後，全合成法の開発と合成的アプローチによる誘導体化研究によりエリブリンの発見へとつながった．エリブリンの発見と工業的大量製造法の確立により，ハリコンドリンBからの創薬が実現されるとともに，当初は予想もしなかったがんの悪性形質抑制，腫瘍内血液循環の改善といった新たな作用も発見された．これは，ハリコンドリンBからの創薬の新たな可能性を示すものでもある．

　近年，中分子の創薬が注目を浴びている．低分子では担えないタンパク質-タンパク質相互作用の制御への期待が大いに高まっており，ハリコンドリンBに代表されるユニークな中分子を生み出す海洋天然物に寄せられる期待は計り知れない．

文献

[1] Uemura, D. *et al.*: *J. Am. Chem. Soc.*, **107**, 4796（1985）
[2] Hirata, Y, Uemura D.: *Pure & Appl. Chem.*, **58**, 701-710（1986）
[3] Bai, R. *et al.*: *J. Biol. Chem.*, **266**, 15882-15889（1991）
[4] Aicher, T. D. *et al.*: *J. Am. Chem. Soc.*, **114**, 3162-3164（1992）
[5] Kishi, Y. *et al.*: U.S. Patent 5338865.
[6] Kishi, Y. *et al.*: U.S. Patent 5436238.
[7] Wang, Y. *et al.*: *Bioorg. Med. Chem. Lett.*, **10**, 1029-1032（2000）

［8］ Seletsky, B. M. *et al.*: *Bioorg. Med. Chem. Lett.*, **14**, 5547-5550（2004）

［9］ Zheng, W. *et al.*: *Bioorg. Med. Chem. Lett.*, **14**, 5551-5554（2004）

［10］ Kuznetsov, G. *et al.*: *Cancer Res.*, **64**, 5760-5766（2004）

［11］ Jordan, M.A. *et al.*: *Mol. Cancer Ther.*, **4**, 1086-1096（2005）

［12］ Smith, J. A. *et al.*: *Biochemistry*, **49**, 1331-1337（2010）

［13］ Towle, M. J. *et al.*: *Cancer Res.*, **61**, 1013-1021（2001）

［14］ Goel, S. *et al.*: *Clin Cancer Res.*, **15**, 4207-4212（2009）

［15］ Tan, A.R. *et al.*: *Clin Cancer Res.*, **15**, 4213-4219（2009）

［16］ Cortes, J. *et al.*: *Lancet*, **377**: 914-923（2011）

［17］ Aogi, K. *et al.*: *Annal of Oncology*, **23**, 1441-1448（2012）

［18］ Yoshida, T. *et al.*: *British J. Cancer*, **110**, 1497-1505（2014）

［19］ Funahashi, Y. *et al.*: *Cancer Sci.*, **105**, 1334-1342（2014）

［20］ Ueda, S. *et al.*: *British J. Cancer*, **114**, 1212-1218（2016）

［21］ Kashiwagi, S. *et al.*: *Anticancer Res.*, **38**, 401-410（2018）

［22］ Okada, M. and Funahashi, Y.: *Cancer Board of The Breast*, **4**, 32-35（2018）

━━ コラム 3 ━━━━━━━━━━━━━━━━━━━━━━━━━━━━━━

臨床試験

　臨床試験とは，新しい薬や治療方法の効果や安全性を確認するためにヒトを対象として行われる試験である．新薬の臨床試験でのフェーズ I 試験とは，薬の候補品を初めてヒトに使う段階である．通常，健康なヒトを対象に，血中の薬の濃度や時間推移，代謝や排泄が調べられ，投与法などの検討が行われる．フェーズ II 試験では，フェーズ I 試験の結果をふまえて，初めて患者に対して薬の候補品を使う試験である．この段階で，有効性と副作用のバランスを検討しながら，適切な用量の見当をつける．さらに，プラセボ（偽薬）を用いた比較も行いながら，最適な用量を決める．フェーズ II 試験により明らかになった最適な用量（投与法）により，既存薬との大規模な比較を行うのが，フェーズ III 試験である．長期間の服用が想定される場合は，長期間投与試験も行われる．

　臨床試験に進む前には，有効性，安全性，毒性などを様々な実験動物を用いる非臨床試験（前臨床試験）も行われる．このように，薬が世に出るまでには，注意深く十分な試験が行われている．

（木越英夫）

第 7 章

タンパク質リン酸化酵素を活性化する海洋天然物

7.1 プロテインキナーゼ C（PKC）

　酵素ならびに受容体タンパク質の活性を制御する機構のひとつとして，セリン・スレオニンあるいはチロシン残基のリン酸化が知られている．プロテインキナーゼ C（PKC）は，西塚泰美（神戸大学名誉教授）によって発見されたリン脂質依存性のセリン・スレオニンタンパク質リン酸化酵素である [1]．PKC は当初単一の酵素と考えられていたが，現在ではカルシウム依存性の conventional PKC として 4 種（$\alpha, \beta I, \beta II, \gamma$），カルシウム非依存性の novel PKC として 4 種（$\delta, \varepsilon, \eta, \theta$），カルシウムおよびジアシルグリセロール（DAG）非依存性の atypical PKC として 2 種（$\lambda/\iota, \zeta$）のアイソザイムの存在が確認されている（図 7.1a）．それぞれのアイソザイムは組織特異的に発現し，機能的な差異がある [2]．生理的条件下では，ホスファチジルイノシトール-4, 5-ビスリン酸（PIP_2）の加水分解により生じる DAG によって活性化される．PIP_2 の代謝回転（ターンオーバー）は，ホルモンなどの生理活性物質が細胞膜上の受容体に結合することにより引き起こされることから，PKC は細胞外シグナルを細胞内に伝達する上で要となる酵素といえる．活性化された PKC は，様々な細胞内基質をリン酸化することにより，細胞増殖，アポトーシス，分化，遺伝子発現などの応答を引き起こす（図

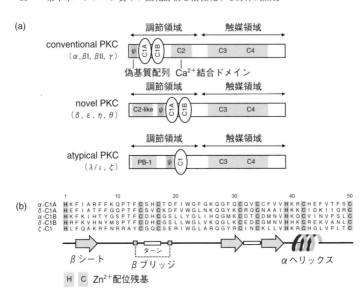

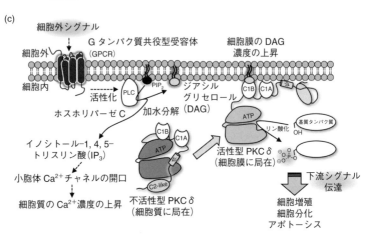

図 7.1 (a) PKC アイソザイムの構造，(b) PKC C1 ペプチドの配列（α-
C1A, δ-C1A, α-C1B, δ-C1B, ζ-C1），(c) アポトーシスにかかわる
PKCδ の活性化機構.

7.1c).

7.2 PKC 活性化剤の発見

　前述のように内因性の PKC 活性化剤は DAG であるが，これより
もはるかに低い濃度で PKC に結合・活性化する天然物が存在する．
最も有名な化合物が，1960 年代にトウダイグサ科植物から単離さ
れたホルボールエステルである．その後，1980 年代初頭に放線菌
あるいはラン藻由来のテレオシジン（teleocidin）類，海洋動物ア
メフラシ中腸腺あるいはラン藻由来のアプリシアトキシン（aplys-
iatoxin, ATX）が，PKC 活性化物質として新たに見いだされた［3］
（図 7.2）．ATX は，アメフラシの餌であるラン藻由来である点が興
味深く，海洋天然物に特徴的な臭素原子をもっている．これらは化
学構造が異なるにもかかわらず，PKC の DAG 結合部位に結合する．
この結合部位は，亜鉛イオンがシステインあるいはヒスチジン残基

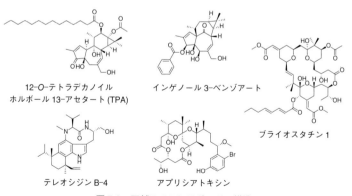

12-*O*-テトラデカノイル
ホルボール 13-アセタート (TPA)

インゲノール 3-ベンゾアート

ブライオスタチン 1

テレオシジン B-4

アプリシアトキシン

図 7.2　天然の PKC リガンドの構造

の側鎖と配位結合した"亜鉛フィンガー構造"を有している．入江一浩（京都大）らは，すべての PKC アイソザイムの DAG 結合部位（C1 ドメイン，図 7.1b）を化学合成し，亜鉛でフォールディングすることにより，個々の C1 ドメインに対する天然 PKC 活性化物質の結合能を系統的に解析している [4, 5]．

7.3　PKC 活性化とがんの関係

ホルボールエステルの一種である 12-O-tetradecanoylphorbol 13-acetate（TPA）は，DAG よりも 100 倍以上の低濃度で PKC を活性化する [1]．TPA は同時に，発がん促進物質として古くから知られている化合物でもある．7,12-ジメチルベンズ [a] アントラセンのような発がんイニシエーター（遺伝子に障害を与える化合物の総称）をマウス背部皮膚に 1 回塗布した後，少量の TPA を繰り返し塗布することによって腫瘍（パピローマ）が発生する．これらの結果より，TPA は PKC を活性化することによってがん化を促進すると長い間考えられていた．

しかしながら最近，多くのヒトがん組織において PKC の機能不全が起こっていることが明らかになり，PKC の活性化は発がんを抑制していることが示唆されている [6]．TPA を培養細胞に与えると PKC の活性化を引き起こすが，速やかに分解（ダウンレギュレーション）されることが，かなり前から知られていた．マウス皮膚に対する TPA の繰り返しの塗布（週 2 回）は，長期に渡って PKC を分解することによりその機能を阻害し，そのことが発がんの促進に繋がっているものと理解できる．実際，PKC の代表的な阻害剤であるスタウロスポリン（staurosporine）が発がん促進物質である点は興味深い [7]．このような背景から，PKC 活性化物質

は抗がん剤シーズになる可能性があり，TPA やインゲノールエス
テル誘導体については，比較的少数の患者に対しての臨床試験
（フェーズ I, II）も行われている．しかしながら，これらの化合物
は，非常に高い炎症性を有するため，医薬品としての使用は著しく
制限されている．

7.4 海洋産 PKC 活性化剤

7.4.1 ブライオスタチン

　1982 年 Pettit らにより，炎症作用や発がん促進作用をほとんど
示さない強力な PKC 活性化剤ブライオスタチン 1（bryostatin 1）
が，海洋生物フサコケムシより見いだされた（図 7.2）[8]．本化
合物は，フサコケムシに共生する微生物によって産生される．当初
から抗がん剤シーズとして注目を集め，フサコケムシ 13 トンから
数十グラムのブライオスタチン 1 が単離され，各種臨床試験が行わ
れた．中には多数の患者に対する臨床試験（フェーズ II, III）まで
進んだものもあったが，抗がん剤としての実用化には至っていな
い．その理由のひとつとして，炎症などの望ましくない作用は少な
い一方で，がん細胞増殖抑制活性があまり高くなかったことが挙げ
られる．Wender らは，ブライオスタチン 1 の構造を簡略化した人
工類縁体を開発し，合成段階数の削減と特定のがん細胞に対する増
殖抑制活性の向上を同時に達成している [9]．

7.4.2 アプリシアトキシン（ATX）誘導体

　一方，入江らは，ブライオスタチン 1 の骨格に固執するのではな
く，天然の PKC 活性化物質を適切に構造変換（単純化）すること
によって，がん細胞増殖抑制活性をもつが，炎症などの望ましくな

い作用を示さない PKC 活性化物質が開発できるのではないかと考えた．まず，放線菌の産生する PKC リガンドであるテレオシジンの構造活性相関研究を行ってきた過程で [10]，炎症性の少ない PKC リガンドの開発を試みたが，炎症性の強さと PKC 活性化能はほぼ相関していた．ホルボールエステルにおいても同様の傾向が認められた．それに対して ATX [11] は，マウス皮膚において高い炎症性と発がん促進活性を示すが，マクロラクトン骨格を有する点で構造的にはブライオスタチン 1 に類似している（図 7.2）．したがって，ATX の構造を適切に変換することによって，ブライオスタチン 1 のような PKC リガンドを創製できる可能性がある．

　天然の発がん促進物質に共通する性質は高い疎水性である．実際，疎水性の高い臭素原子を側鎖にもつ ATX の発がん促進活性は，臭素原子をもたないデブロモアプリシアトキシンよりも高い [12]．そこで，4, 10, 12, 27 位の 4 つのメチル基，15 位メトキシ基，および 3 位ヒドロキシ基を系統的に取り除いた単純化アナログを 10 種

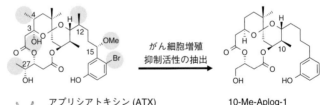

アプリシアトキシン (ATX)

発がん促進性・炎症性
強力な PKC リガンド
がん細胞増殖抑制活性

10-Me-Aplog-1

非発がん促進性・非炎症性
強力な PKC リガンド
がん細胞増殖抑制活性

図 7.3　アプリシアトキシン単純化アナログの構造

類程度合成した結果，10-Me-Aplog-1 と命名したアナログが，ATX と同等の PKCδ に対する結合能と，特定のがん細胞株に対する高い増殖抑制能を示した一方で，マウス皮膚において炎症性ならびに発がん促進活性をほとんど示さないことが明らかになった（図7.3）[13, 14]．10-Me-Aplog-1 の構造的な特徴は，疎水性基の除去とともに，脱水反応を起こしやすい3位のヘミアセタール性ヒドロキシ基を水素原子に置換したことである．これにより，分子構造の自由度が低下するとともに化学的安定性が大幅に向上している．ATX は，炎症性や発がん促進活性を示すマスターキー的な分子であるのに対して，10-Me-Aplog-1 はそのような望ましくない作用をもたないスペシャルキー的な分子であると考えられる．

7.5　おわりに

20世紀の天然物化学は，ランダムスクリーニングによる新奇骨格を有する医薬品シーズの発見の歴史であった．しかしながら21世紀になり，真に新しい医薬品シーズを天然から見いだすことが難しくなった．そのような背景のもと，既存の複雑な天然有機化合物を適切に構造変換（単純化）することにより，医薬品シーズとして必要な構造のみを抽出できれば，可能性は無限に広がる．そこには，生合成反応に立脚しない新しい有機合成化学の展開もあると考えられる．さらに人工知能（AI）の活用はそのようなアプローチを加速するかもしれない．

PKC は多くのアイソザイムからなり，かつ細胞内情報伝達の上流に位置することから，医薬品の標的としてはあまり注目されてこなかった．しかしながら，炎症性などの望ましくない作用をほとんどもたない 10-Me-Aplog-1 が，特定のがん細胞に対してのみ増殖抑

制を示す事実は［14］，PKC 活性化物質が抗がん剤シーズとして有望であることを示唆している．Wender らが開発したブライオスタチン 1 の単純化アナログの中にも同様の傾向を示すものがある［15］．最近，PKC 活性化剤は，ヒト免疫不全ウイルス（HIV）を完全に除去するために有効であることが明らかになりつつある．Shock and kill 療法と呼ばれるこの治療法は，細胞内に潜伏して外に排出されない HIV を PKC 活性化剤により活性化させ，それを抗ウイルス剤や免疫細胞で叩くというものである［16, 17］．インゲノールエステルならびにブライオスタチン 1 は，この治療法の有望なシーズとして注目されている．この結果を受けて Wender らは，ブライオスタチン 1 の大量合成法を確立している［18］．入江らが開発した 10-Me-Aplog-1 も有望なシーズになるかもしれない［19］．さらに PKC 活性化物質は，アルツハイマー病（AD）治療への応用も検討されている．AD の原因物質として考えられているアミロイドβタンパク質の産生抑制と分解促進にかかわる酵素を，PKC アイソザイムが活性化するからである［20, 21］．以上のように，天然の PKC リガンドは，各種難治性疾患の治療薬としての応用が期待される．

文献

［1］ Nishizuka, Y.: *Nature*, **308**, 693-698（1984）

［2］ Nishizuka, Y.: *FASEB J.*, **9**, 484-496（1995）

［3］ Fujiki, H., Sugimura, T.: *Adv. Cancer Res.*, **49**, 223-264（1987）

［4］ Irie, K. *et al.*: *J. Am. Chem. Soc.*, **120**, 9159（1998）

［5］ Irie, K. *et al.*: *Chem. Rec.*, **5**, 185-195（2005）

［6］ Antal, C. E. *et al.*: *Cell*, **160**, 489-502（2015）

［7］ Yoshizawa, S. *et al.*: *Cancer Res.*, **50**, 4974-4978（1990）

［8］ Pettit, G. R. *et al.*: *J. Am. Chem. Soc.*, **104**, 6846-6848（1982）

［9］ Wender, P. A. *et al.*: *J. Am. Chem. Soc.*, **124**, 13648-13649（2002）

[10] 入江一浩：日本農芸化学会誌，**68**, 1289（1994）

[11] Kato, Y. and Scheuer, P. J.: *J. Am. Chem. Soc.*, **96**, 2245-2246（1974）

[12] Suganuma, M. *et al.*: *Carcinogeneis*, **5**, 315（1984）

[13] Nakagawa, Y. *et al.*: *J. Am. Chem. Soc.*, **131**, 7573-7579（2009）

[14] Irie, K. and Yanagita, R. C.: *Chem. Rec.*, **14**, 251（2014）

[15] Wender, P. A. *et al.*: *J. Am. Chem. Soc.*, **130**, 6658（2008）

[16] Jiang, G. *et al.*: *PLOS Pathogens*, **11**, e1005066（2015）

[17] Darcis, G. *et al.*: *PLOS Pathogens*, **11**, e1005063（2015）

[18] Wender, P. A. *et al.*: *Science*, **358**, 218（2017）

[19] Washizaki, A. *et al.*: *Viruses*, **13**, 2037（2021）

[20] Etcheberrigaray, R. *et al.*: *Proc. Natl. Acad. Sci. USA*, **101**, 11141（2004）

[21] Hongpaisan, J. *et al.*: *J. Neurosci.*, **31**, 630（2011）

第8章

テトロドトキシンとフグ毒の謎

8.1 はじめに

　フグ毒として有名なテトロドトキシン（TTX）は，フグを食する独特な文化を持っている日本で最も活発に研究され，フグ毒にかかわる重要な研究のほとんどが日本人科学者の手によって行われてきた．本章では，TTX の科学研究の歴史と，今なお科学者を惹きつけてやまない TTX の魅力について紹介する．

8.2 フグ毒テトロドトキシン

8.2.1 単離・構造決定

　1909 年，田原良純（東京衛生試験所）はフグの卵巣から粗毒を得て，フグ科（Tetraodonidae）にちなんでテトロドトキシンと命名した．1950 年代に入ると横尾晃（岡山大）によって TTX が初めて結晶性化合物として単離され，津田恭介（九州大のちに東京大）らによって構造研究が始まった．しかし，この天然物の特殊な構造と化学的性質のため構造決定は難航した．その後，平田義正・後藤俊夫（名古屋大）や，のちにノーベル化学賞を受賞する R. B. Woodward（米 Harvard 大）らも構造決定に参入し，デッドヒートを繰り広げた．そして，1964 年京都で開催された第 3 回 IUPAC 天

然物化学会議において，津田，平田・後藤そして Woodward の3つのグループによって同一の TTX の構造が発表された．どのグループも当時最先端の分析法である NMR，X 線結晶構造解析を駆使したものであった．TTX の分子量は319と小さいものの，その構造はオルトエステル基を持つジオキサアダマンタン骨格に環状グアニジンが縮環し，8つの不斉炭素が連続して存在するという高度に官能基化された前例のないものであった（図8.1）．TTX の構造決定が発表されたこの国際学会は，戦後日本の有機化学の水準の高さを国内外に知らしめた記念碑的な学会として今に語り継がれている．なお，TTX の絶対立体配置は，1970年，古崎昭雄，冨家勇次郎，仁田勇ら（関西学院大）によって臭化水素酸塩の X 線結晶構造解析によって決定された．フグ毒の単離と構造については，いくつかの総説 [1, 2] にまとめられている．

　TTX は，融点を示さず，水にもあらゆる有機溶媒にも溶けないが，希酸にはよく溶ける．TTX を希酸に溶かすと，δ-ラクトン型との平衡混合物として存在する．オルトエステルの OH が酸性（pK_a 8.7）を示し，分子内のグアニジニウムと双極イオンを形成している他に類例を見ないきわめて異常な化学的性質を有する天然物である．

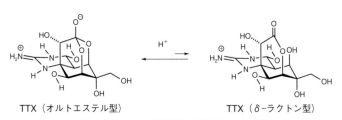

TTX（オルトエステル型）　　　　　TTX（δ-ラクトン型）

図8.1　TTX の化学構造と溶液中での平衡

8.2.2 TTX の天然類縁体

TTX は，当初フグに特有な天然物だと考えられていたが，前述の 1964 年の国際天然物化学会議において，H. S. Mosher（米 Stanford 大）によってカルフォルニアイモリの保有するタリカトキシン（tarichatoxin）と呼ばれた毒が TTX と同一物であることが発表され，毒の起源に興味が持たれた．その後，ヒョウモンダコ，スベスベマンジュウガニ，巻貝，ヒラムシなどの様々な海洋生物や陸生のイモリが TTX を保有することがわかり，同時に様々な TTX の類縁体が単離された．代表的なものを図 8.2 に示すが，その大半は，安元健，四津・山下まりら（東北大）によって構造決定されたものである．この中にあるチリキトキシンは J. W. Daly ら（米 NIH）がコスタリカ産ヤドクガエルから単離し，四津・山下らが構造決定した TTX の 11 位にグリシンが結合した最も複雑な構造を有する類縁体である．しかし，類縁体の多くはデオキシ体であり TTX に比べ毒性がかなり弱く，これらは TTX の生合成中間体と見なされている [3]．

8.3 活性発現機構

TTX の強力な毒性は多くの科学者の興味を惹いた [4, 5]．特に，神経末梢系の麻痺作用を示すことから薬理学者が注目し，1964 年楢橋敏夫ら（米 Duke 大学）は，TTX が神経細胞膜のナトリウムイオンの透過を選択的に阻害することを明らかにした．この結果，Hodgkin と Huxley（1963 年ノーベル生理学・医学賞受賞）がその存在を予想したナトリウムイオンだけを通すゲート（電位依存性ナトリウムイオンチャネル（Na^+チャネル））が実在しており，それが TTX により遮断されることが初めて示されたのである．この天

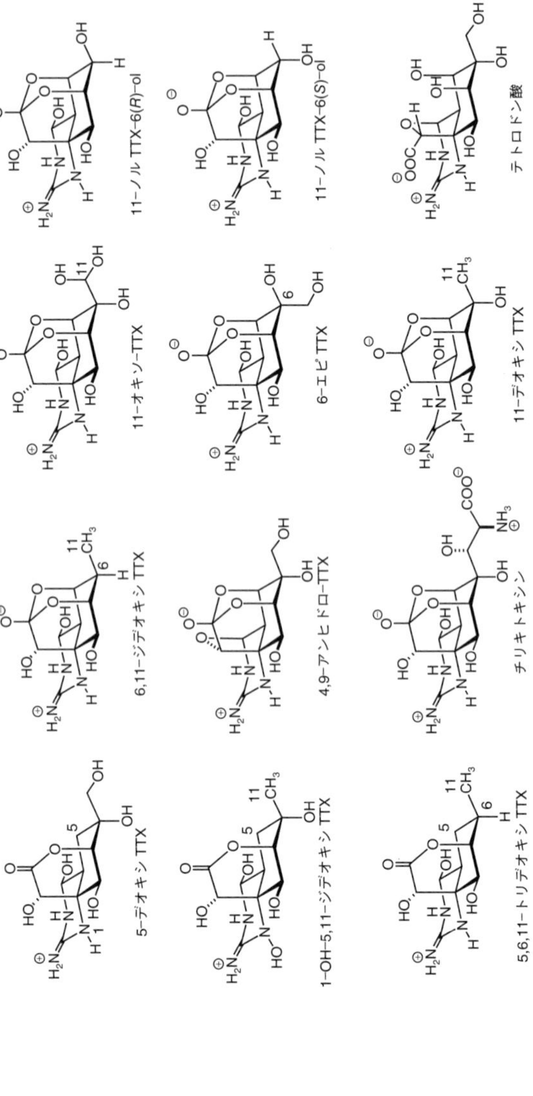

図 8.2　TTX の天然類縁体の例

然毒は Na⁺チャネルに対する選択性の高さから，Na⁺チャネルや他のイオンチャネルの性質を研究するための薬理試薬として今日に至るまで広く使われている.

　一方で TTX は Na⁺チャネルタンパク質の実体解明にも重要な役割を果たした. 1985 年，沼正作（京都大）を中心とする研究チームが，電気ウナギの発電組織から Na⁺チャネルの遺伝子をクローニング（増幅して単離）し，発現に成功するという快挙を成し遂げたが，その影の立役者は TTX であった. 共同研究者の金岡祐一，中山仁（北海道大）は，TTX との高い親和性を利用して電気ウナギの発電器官から Na⁺チャネルの精製を進め，粗精製したタンパク質の限定分解で得られたペプチドの配列情報を松尾壽之ら（宮崎医大）が解明，その配列情報から稲山誠一ら（慶應大）がプライマーとなるオリゴヌクレオチドを化学合成，それを使って沼らは遺伝子クローニングに成功したのだった. さらに，沼らはアメリカツメガエルの卵母細胞を使って Na⁺チャネルの機能発現にも成功し，当時最先端技術だった部位特異的変異導入とパッチクランプ法（イオンチャネルの挙動解明に用いられる電気生理学手法）を駆使して，Na⁺チャネルの構造と機能の関係を次々に明らかにした. なお，ごく最近 N. Yan（中国，清華大）らによって Na⁺チャネルと TTX の結合構造の詳細がクライオ電子顕微鏡法によって明らかにされた.

8.4　化学合成

　TTX はその構造決定の直後から多くの有機合成化学者から全合成の標的分子として注目を集めた [6]. 典型的なカゴ型多官能性天然物である TTX は，その強力な生物活性と相まって有機合成化学

者にとって大変魅力的だったのである．1972年，岸義人（当時名古屋大，その後 Harvard 大）らによる最初の全合成（ラセミ体）が報告された．岸は Woodward 研での留学を終えて帰国後，わずか3年ほどの間にこの全合成を完成させ，世界中の化学者を驚かせた．この全合成は，工程数，収率，立体制御，どの点から見ても見事なものである．Woodward のほか G. Stork（米 Columbia 大）など数多くの著名な有機化学者が TTX の全合成に挑戦したが，その後30年にわたって TTX の全合成を成し遂げた研究者は現れず，TTX はきわめて困難な天然物として知られるようになった．

　この天然物が全合成を困難にしているのは，前述した TTX の特殊な化学的性質とともに分子量319という小分子の中に多くの官能基が隙間なくびっしり詰まっているためである．磯部稔・西川俊夫ら（名古屋大）は，1990年代から TTX の合成研究を始め2003年に初の光学活性体の全合成（第一世代）を，2004年には異なる合成ルートによる2回目の全合成を達成した（第二世代）．同時期に J. DuBois（米 Stanford 大）が C–H 結合の官能基化を駆使した TTX の全合成を報告し注目を浴びた．その後，佐藤憲一・赤井昭二（神奈川大），福山透・横島聡（名古屋大），D. Trauner（米 New

表 8.1　TTX の全合成の歴史

研究グループ（発表年）	出発原料	工程数
岸（1972）	2–acetyl–5–methyl–*p*–benzoquinone	37（ラセミ体）
磯部・西川（2003）	2–acetoxy–tri–*O*–acetyl–D–glucal	72（第一世代）
J. DuBois（2003）	D–isoascorbic acid	33
磯部・西川（2004）	levoglucosenone	39（第二世代）
赤井・佐藤（2005）	myo–inositol	34（ラセミ体）
赤井・佐藤（2008）	D–glucose	35
福山（2017）	*p*–benzoquinone	31
福山・横島（2020）	methyl–*α*–D–mannoside	31
D. Trauner（2022）	methyl 4, 6–*O*–benzylidene–*α*–D–glucoside	22

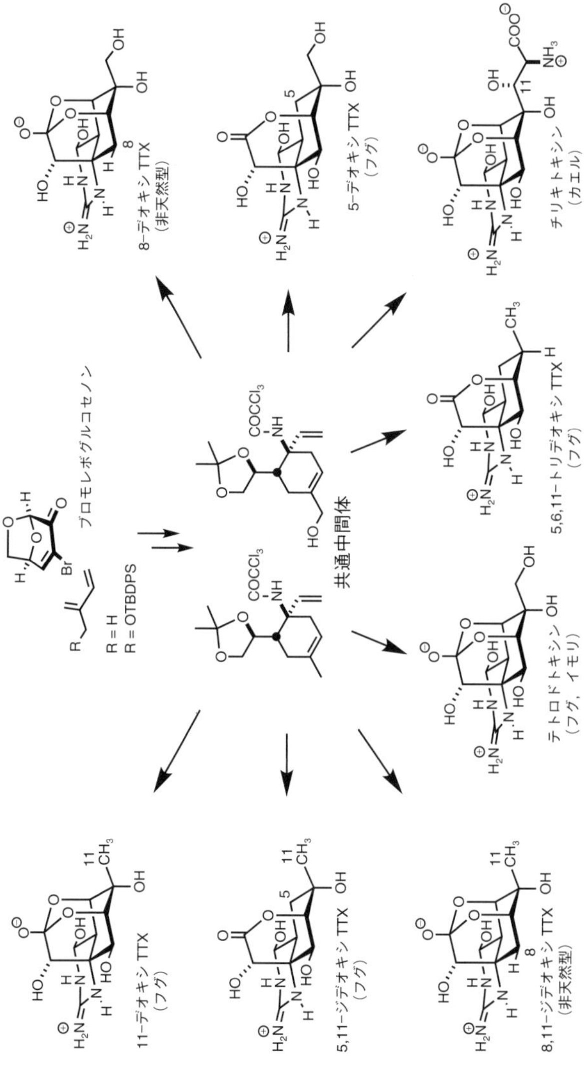

図 8.3 TTX の網羅的合成

York 大）らによる全合成が報告され，この天然物が全合成研究における標的として再び注目されるようになっている．これらの全合成の詳細は本書の範囲を超えるため，出発原料と全合成にかかった工程数を表 8.1 に示すだけにとどめるが，いずれの全合成も独自の合成戦略で全合成を達成している．なお，磯部・西川と福山らによる TTX の全合成に関しては，本シリーズ 26 巻「天然有機分子の構築」[7] にまとめられているのでそれをご覧いただきたい．

　さらに西川・安立昌篤（名古屋大）は，この第二世代全合成を使って様々な TTX の類縁体を合成した（図 8.3）[8]．フグ毒に関係する生物学的研究に活用するためである．専門的になるので詳細は割愛するが，大量合成（50-200g）できる 2 つの共通中間体のどちらかから天然型および非天然型 TTX を合成している．この中には，ヤドクガエルから単離されたチリキトキシンが含まれる．

8.5　フグ毒の謎

　TTX にはフグなどの保有生物にかかわる数多くの謎（課題）がある [9]．いくつかの課題に関しては，解決したものもあるが，依然として重要な課題が解明されずに残っている．

8.5.1　フグの耐性機構

　フグやイモリなどの TTX を保有する生物は，TTX に対する高い耐性を示すことが知られている．その主原因は，これらの生物のもつ Na^+ チャネルのアミノ酸変異によると理解されている．TTX は Na^+ チャネルのイオンの通り道（ポア）の外側（細胞の外側）を塞いで，Na イオンの透過だけを遮断することで，このタンパク機能を阻害する．TTX の結合部分に位置する芳香族アミノ酸 1 つ（Phe

あるいは Tyr）が Cys，あるいは Asn に変異することで，結合能力を著しく失い耐性を獲得する．ヒトなどで心筋に発現している Na^+ チャネルは，TTX に耐性であることが知られているが，これも同じ位置のアミノ酸が変異している．一方で，フグは血漿中 TTX に結合する結合タンパク（PSTBP）を保有していることも明らかになっており，フグの TTX 耐性の一端を担っていると考えられている．

8.5.2 生合成，食物連鎖

　フグ毒の生合成は TTX に残された最大の謎のひとつである[10]．生合成の出発原料も不明で，生合成中間体として確定したものはひとつもない．何もかもまったく未解明である．TTX の生合成研究は，TTX の真の生産者の探索と無縁でない．松居隆ら（東京大）は，フグは自ら TTX を生産せず，えさ由来で TTX を獲得することを示した．一方，1984 年，安元健と野口玉雄（東京大のちに長崎大）は独立して海洋から TTX 生産菌の単離を報告した．海からは TTX を保有する様々な小動物が発見されていることから，微生物によって生産された TTX が食物連鎖によってフグに生物濃縮されていると考えられている．しかし，単離されたバクテリアは培養を続けると TTX の生産能力を失い，TTX の生合成研究はまったく進んでいない．

　この状況下，山下・工藤雄大ら（東北大）は，フグ，有毒イモリから TTX 関連化合物を探索して，それを元に TTX の生合成経路を推定している．フグからは微量成分として数々のデオキシ TTX とともに環状グアニジン化合物（Tb 類）が発見され，図 8.4（右）に示すような生合成経路が提唱された．一方，有毒イモリからは，フグにはまったく検出されない hemiketalTTX や環状グアニジン化合

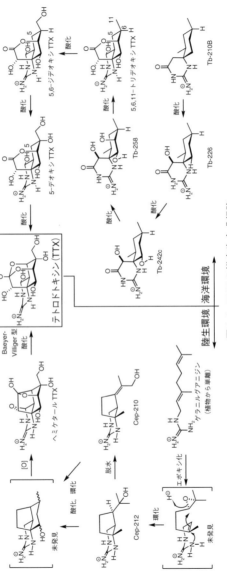

図 8.4　TTX の推定生合成経路

物（Cep類）が単離されたことから，ゲラニル二リン酸を出発物質とするまったく異なる生合成経路（モノテルペン説）が提唱されている（図8.4左）．今後の生合成研究の進展を待たねばならないが，TTXが海洋と陸生環境でまったく異なる生合成経路で生産されているとすれば，驚くべきことである．これら推定生合成中間体の化学合成も進んでおり，近い将来，食物連鎖機構の解明やTTXの生産生物の探索，生合成経路の解明に活用されることが期待される．

8.5.3 生物学的意義

多くの魚類がTTXに対して忌避反応を示すことから，フグはTTXを外敵から身を守る防御物質として利用していると考えられている．また，ヒョウモンダコなどは，TTXを使って獲物を攻撃し，捕獲するのに利用していることが示されている．イモリがTTXを保有している理由は明らかでないが，防御目的だと考えられている．興味深いことに，フグがTTXに誘引されることが度々報告されている．松村健道（山口県衛生試験場）は，クサフグは産卵時に放卵とともにTTXを放出し，外敵を忌避し，オスを誘引するという集合フェロモン説を提唱した（1995年）．また，荒川修ら（長崎大）は，トラフグもTTXに誘引され，それは嗅覚を介する反応であることを示した．これはフグが積極的にTTXを獲得する仕組みと見ることもできる．ごく最近，阿部秀樹・安立・西川ら（名古屋大）は，化学合成品を使った実験から，クサフグを誘引しているのは猛毒のTTXではなく，フグが保有する無毒の類縁体5, 6, 11-trideoxy TTX（図8.3右下）であることを明らかにした．以前の研究結果は，分離が困難な5, 6, 11-trideoxy TTXの混入したTTXを使っていたからと考えられる．しかし，フグはなぜ無毒のTTX類縁体に誘引されるのか，新たな謎が加わった［11］．

　一方で，微生物がなぜTTXを生産しているかはまったくの謎である．TTXは抗菌活性もバクテリアのNa^+チャネルの阻害活性も示さない．しかし，微生物が脊椎動物のNa^+チャネルを阻害するためにわざわざTTXを生産しているとも思えない．陸海にわたって広範に生息している生物がTTXを保有しており，それらが微生物によって生産・供給されているとすると，TTXが単なる二次代謝産物（天然物）ではなく，なにか重要な生物学的役割を持っていることが想像される．

8.6　おわりに

　石川県では，猛毒であるはずのフグの卵巣の糠漬けが珍味として販売されている．フグの卵巣を長期間塩漬けと糠漬けする伝統的な手法によって毒性が低下する．解毒機構として微生物によるTTXの分解，無毒化が予想されるが，これまでの研究結果は，それを否定している．詳細は不明なままである．一方で，TTXの示すNa^+チャネル阻害の高い選択性を生かして，末期がん患者に対する鎮痛薬などの医薬品を開発しようとする研究も盛んである．やはり毒性の高さがネックだが，様々な方策が提案されている．今後，科学者の努力によってTTXの謎が少しずつ解明されると思われるが，謎が明らかになるにつれて，新たな謎が生まれるに違いない．このように，身近にあるTTXは数ある天然物の中でもとりわけ謎の多い魅力的な化合物なのである．

文献

[1] 後藤俊夫：化学教育，**28**, 435-439（1980）
[2] 堤憲太郎：化学史研究，**45**, 53-69（2018）

［3］Yotsu-Yamashita, M.: *J. Toxicol.: Toxin Reviews*, **20**, 51-66（2001）

［4］Narahashi, T.: *J. Toxicol.: Toxin Reviews*, **20**, 67-84（2001）

［5］山下まり：化学と生物，**47**, 538-544（2009）

［6］Makarova, M. *et al.*: *Angew. Chem. Int. Ed.*, **58**, 18338-18387（2019）

［7］中川昌子・有澤光弘：天然有機分子の構築――全合成の魅力（化学の要点シリーズ 26），pp.52-58，共立出版（2018）

［8］Nishikawa, T., Isobe, M.: *Chem. Rec.*, **13**, 286-302（2013）

［9］清水 潮：フグ毒のなぞを追って，裳華房（1989）

［10］野口玉雄：フグはフグ毒をつくらない，成山堂書店（2010）

［11］阿部秀樹・鈴木偉久・安立昌篤・西川俊夫：アロマリサーチ，**24**, 38-45（2023）

━━ コ ラ ム 4 ━━

食物連鎖

　陸上生物，海洋生物に関わらず，食物連鎖は生物における物質循環
において重要である．生命のエネルギー源としての循環のみならず，
特に海洋生物においては，生物活性物質に関する食物連鎖が，人の生
活に影響を及ぼすことが知られている．南洋で重大な問題となってい
る食中毒であるシガテラやパリトアは，シガトキシンやパリトキシン
を生産する微生物を端緒とする食物連鎖によっている（第 5 章）．フグ
毒はフグ自身が生産していないこと，他の海洋生物にもフグ毒が含ま
れていることもわかっている（第 8 章）．また，食用のホタテガイ，ム
ラサキイガイなどの二枚貝が毒化するのも，貝が餌にしているプラン
クトンによっている．これらの原因物質を明らかにすることにより，
食中毒を防ぐことができるようになってきている．二枚貝の下痢性貝
毒はオカダ酸という海洋天然物であるが，これを極微量で検出する試
験法が確立されてから，最近では二枚貝による食中毒は日本では報告
されていない．このように，海洋天然物の研究は，食の安心安全にも
貢献している．

（木越英夫）

第 9 章

シアノバクテリアが生産する 生物活性物質

9.1　シアノバクテリアとは

　かつて植物とは光合成を行う生物全般を指していたため，シアノバクテリアは，植物として藻類に分類され，ラン藻と呼ばれていた．しかし，シアノバクテリアは，細胞核を持つ真核生物である藻類とは異なり，細胞核がない原核生物であり，大腸菌などと同様に細菌の一種である．しかも，一般的な細菌とは異なり，シアノバクテリアはクロロフィルなどの光合成色素をもち，光合成を行うことができる．シアノバクテリアは約30億年前から生息しており，太古の時代のものが化石として発見されている．その後，約25億年前にシアノバクテリアが大発生し，光合成により大量の酸素を生み出した．この酸素濃度の急上昇という地球環境の激変によって，酸素を利用する生物が誕生することになった．また，生物の進化の過程で，シアノバクテリアが真核生物の細胞内に共生し，植物の葉緑体の起源となったと考えられている．海中の海藻類の光合成により，さらに酸素濃度が上昇し，その結果オゾン層が形成され，地上へ届く紫外線強度が弱くなり，生物が陸上で生活できるようになった．このように，シアノバクテリアは地球の生命の歴史の中で，きわめて重要な役割を演じてきた．

　シアノバクテリアは，現世でも様々なところに生息しており，身

近なところでは熱帯魚を飼育する水槽などにも発生するが，かなり過酷な環境でも生息可能である．温泉のような高温，死海のように塩濃度の極端に高い塩水，北極や南極のような低温環境でも生きている種もいる．酸素がなかった時代の地球も，そのような厳しい環境だったと考えられている．

9.2 淡水シアノバクテリアの生産する化学物質

　シアノバクテリアは，光合成により二酸化炭素と水から糖（炭水化物）と酸素が生成するが，それ以外にも様々な生物活性物質を生産することが知られている．富栄養化した湖沼では，シアノバクテリアが大発生するアオコと呼ばれる現象がしばしば起こるが，悪臭を放つのみならず強力な有毒物質を生産することがあり，世界的に深刻な問題となっている．アオコの有毒物質としては，神経毒のアナトキシン–a，肝臓毒のミクロシスチン類，麻痺性貝毒のサキシトキシンなどが知られている．一方，有用な物質を生産する種も知られている．ネンジュモ属（*Nostoc*）のシアノバクテリアが生産するクリプトファイシン–1 は，腫瘍細胞に対して強力な細胞毒性を示す環状デプシペプチドである．活発に合成研究が行われ，多くの誘導体が合成された中から，クリプトファイシン–52 の臨床試験が実施された．結局，抗がん剤として実用化には至らなかったが，細胞骨格タンパク質チューブリンの重合を阻害するため，生命科学研究試薬として活用されている．

9.3 海洋シアノバクテリア

　海洋性のシアノバクテリアも，医薬品や生命科学研究試薬として

の可能性を秘めた，非常に強い生物活性を示す物質や珍しい化学構造をもつ物質を生産することが知られている．これらの中には，すでに別の海洋生物から発見されていたものもある．海洋生物由来の生物活性物質の多くは，その生物自身が生産しているのではなく，食物連鎖や共生関係による外因性のものであり，海洋シアノバクテリアなどの微生物が真の生産者であると考えられている．たとえば，1980 年代に海洋軟体動物タツナミガイ *Dolabella auricularia* から単離された抗腫瘍性物質ドラスタチン 10（dolastatin 10）［1］は，その約 15 年後に海洋シアノバクテリア *Symploca* sp. より単離されたことから［2］，ドラスタチン 10 の真の生産者はシアノバクテリアであると考えられている．ドラスタチン 10 はチューブリンの重合による微小管形成を阻害することにより，腫瘍細胞の増殖を抑える．臨床試験の結果，ドラスタチン 10 自身については第 2 相試験で開発が止まってしまったものの，タンパク質 CD30 を標的とするモノクローナル抗体にドラスタチン 10 誘導体を結合させた抗

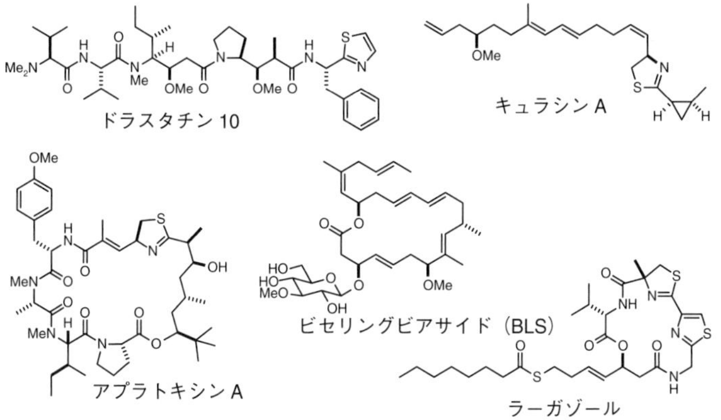

図 9.1

体薬物複合体であるブレンツキシマブ ベドチン（Brentuximab ve-dotin）が，ホジキンリンパ腫の治療薬として実用化された [3]．

9.4　海洋シアノバクテリア由来の生物活性物質

　海洋性のシアノバクテリアからは，前述のドラスタチン 10 以外にも，多様な化学構造をもつ生物活性物質が数多く単離されており，現在も国内外で活発に研究されている．ここでは，医薬品として有望な生物活性を示す代表的な物質をいくつか紹介する．キュラシン A（curacin A）は，*Lyngbya majuscula* から単離された，チアゾリン環をもつポリケチドである [4]．腫瘍細胞に対して強力な細胞毒性を示し，その作用機構はチューブリンの重合阻害である．アプラトキシン A（apratoxin A）は，ペプチド部とチアゾリン環からなる大環状のペプチド－ポリケチドハイブリッド型の化合物であり，腫瘍細胞に対して強力な細胞毒性を示す [5]．その作用機構の解明に向けて，活発に研究が進められている．*Symploca* 属の海洋シアノバクテリアより単離されたラーガゾール（largazole）[6] もペプチド－ポリケチドハイブリッド型の化合物であり，チオエステル構造をもつのが特徴である．腫瘍細胞に対する強力な細胞毒性を示し，その作用機構はヒストン脱アセチル化酵素（HDAC）の阻害である．ラーガゾール誘導体と HDAC8 の複合体の結晶構造が明らかにされている．動物実験でも有望な抗腫瘍性を示し，抗がん剤として期待される．ラーガゾールについては，第 3 章で詳細に紹介している．

　シアノバクテリアの生産する生物活性物質の多くは，ペプチド，ポリケチド，ペプチド－ポリケチドハイブリッドである．異常アミノ酸と呼ばれる非タンパク質性のアミノ酸や D 型アミノ酸がペプ

チドに含まれることが多く，*N*-メチル化，*O*-メチル化されている
ものが多いのも特徴である．このような構造的特徴をもつペプチド
は，ペプチド加水分解酵素に耐性をもち，創薬研究において代謝安
定性の点で有利であると思われる．シアノバクテリア由来の生物活
性物質は，そのほとんどが非リボソーム型ペプチド合成酵素
（NRPS）とポリケチド合成酵素（PKS）およびそれらが複合した酵
素（NRPS/PKS）によって生合成されると考えられる．上述のキュ
ラシン A やアプラトキシン A については，生合成遺伝子クラスター
が明らかにされているが，海洋シアノバクテリアは，一般に培養が
難しいため，生合成遺伝子や酵素が明らかにされた例は多くない.
海洋シアノバクテリア由来の物質は天然から大量に得ることが難し
いため，医薬品への展開には，物質供給の問題を解決しなければな
らない．生合成遺伝子を培養可能な微生物に異種発現して培養によ
り供給する方法や，化学合成により大量に供給する方法の確立が重
要である．

9.5　ビセリングビアサイド

　ここでは，末永聖武（慶應大）らが，沖縄県産海洋シアノバクテ
リアから発見した，ビセリングビアサイド（biselyngbyaside, BLS
と略記）[7] と命名されたマクロリドを紹介する．この物質は，ヒ
ト子宮がん細胞（HeLa 細胞）に対して細胞死を誘導する．BLS の
作用機構を明らかにするため，その手がかりを得るべく様々な種類
のがん細胞に対する作用が評価された．この結果と，作用機構がわ
かっている物質の種々のがん細胞に対する評価結果を比較すること
により，BLS は細胞内のカルシウムポンプ（SERCA）と呼ばれる
タンパク質に作用することが予測された．SERCA は，細胞内小器

官である小胞体の膜上に存在し，細胞質から小胞体内へカルシウムイオン（Ca^{2+}）を汲み上げている．そのため，細胞では，細胞質の Ca^{2+} は低濃度であり，小胞体内に高濃度の Ca^{2+} が存在している．実際に BLS の SERCA に対する作用を評価したところ，BLS は非常に強い SERCA 阻害活性を示すことがわかった[8]．BLS が SERCA の働きを抑えることによって，小胞体内の Ca^{2+} 濃度が低下し，それがストレスとなって細胞死が引き起こされるという作用機構が明らかとなった．

次に，わずか分子量 604 の小分子である BLS が分子量 11 万の巨大なタンパク質である SERCA の働きを抑える仕組みを明らかにするため，複合体の結晶構造解析が検討された．SERCA のように膜に埋まっているタンパク質（膜タンパク質）は，一般に取り扱いや結晶化が難しい．SERCA の結晶化・構造解析に世界で初めて成功した豊島（東大分子細胞生物学研究所）との共同で行われた，BLS と SERCA が結合した複合体の結晶化と結晶構造解析により，BLS と SERCA の結合が分子構造レベルで明らかになった [8]．その結果，BLS の SERCA への結合位置は，タプシガルジンやシクロピアゾン酸などの既知の SERCA 阻害剤とは異なることも明らかとなった．BLS が SERCA に結合することによって，SERCA の構造変化が抑えられ，Ca^{2+} を汲み出す働きができなくなったと考えられる．SERCA と BLS の結合様式が明らかとなったことで，SERCA が関連した病気の治療薬候補物質の合理的な設計が可能となった．

また，マラリアの原因となる原虫は，哺乳類の SERCA とよく似た Ca^{2+} ポンプ PfATP6 をもっていることから，BLS が抗マラリア薬となる可能性が期待されている．実際に，BLS は弱いながらもマラリア原虫に対する毒性（抗マラリア活性）を示した [9]．活性を向上させるためには，マラリア原虫の PfATP6 への親和性を高め

るとともに，哺乳類の SERCA への親和性を低下させる必要がある．
BLS が結合する部分の SERCA と PfATP6 とのアミノ酸配列の詳細
な比較から，BLS の側鎖部分に極性官能基を導入することにより，
PfATP6 に対する親和性が向上すると期待されている．すでに BLS
の化学合成経路は確立されており，それに基づきいくつかの誘導体
合成が進められている．マラリア原虫の Ca^{2+} ポンプに選択的に強
く結合する物質を創出することができれば，新しい型の抗マラリア
薬につながると期待される．

文献

[1] Pettit, G. R. *et al.*: *J. Am. Chem. Soc.*, **109**, 6883（1987）

[2] Luesch, H. *et al.*: *J. Nat. Prod.*, **64**, 907（2001）

[3] Senter, P. D., Sievers, E. L.: *Nat. Biotechnol.*, **30**, 631（2012）

[4] Gerwick, W. H. *et al.*: *J. Org. Chem.*, **59**, 1243（1994）

[5] Luesch, H. *et al.*: *J. Am. Chem. Soc.*, **123**, 5418（2001）

[6] Taori, K. *et al.*: *J. Am. Chem. Soc.* **130**, 1806（2008）

[7] Teruya, T. *et al.*: *Org. Lett.*, **11**, 2421（2009）

[8] Morita, M. *et al.*: *FEBS Lett.*, **589**, 1406（2015）

[9] Sato, E. *et al.*: *Bioorg. Med. Chem. Lett.*, **28**, 298（2018）

第 10 章

ホヤの生産する抗がん剤

10.1 ホヤ

　ホヤ（海鞘）は，その姿形から海のパイナップルとも呼ばれ，海底の岩などに固着して吸水孔と出水孔を利用して餌となるプランクトンを含む海水を大量に取り込み，生命を維持する海洋生物である．マボヤなどに代表される「単体ホヤ」と，個虫が多数集合する「群体ホヤ」に分類され，前者は，東北地方の太平洋沿岸で刺身やバクライとして食されており海産物資源としても重要である．さらに，単体ホヤは有性生殖を行う一方で，群体ホヤは有性と無性生殖の両方を行うことも知られる．ホヤは分類学上，脊椎動物と無脊椎動物の接点に位置する「脊索動物」として位置づけられており，進化研究における格好のモデル生物として知られる．さらに，免疫現象に似た群体特異性，バナジウムなどの特殊金属を濃縮するなど，生物学的かつ化学的に面白い現象を引き起こす生物としても知られている．

10.2 トラベクテジン（Ecteinascidin 743）の発見

　このようにホヤは，興味深い生物種であるが大量採集が困難なため，同生物種からの化合物探索は立ち遅れていたが，1981 年にイ

リノイ大学の Rinehart 教授らが，カリブ海産のホヤ *Trididemnum solidum* より強力な抗がん活性を有するペプチド ジデムニン A-C（didemnin A-C）（**1a-c**）を単離し医薬品資源として世界的に注目されることになった（第3章参照）．彼らはその後も，強力な抗ウイルス活性を有するユージストミン C（eudistomin C）（**2**）を単離構造決定するなど精力的に研究を推進すると同時に，1980 年当初からカリブ海産の群体ホヤ *Ecteinascidia turbinata*（*E. turbinata*）に着目していた．このホヤの抽出物を，白血病細胞を移植したマウスに投与すると治癒することが 1960 年代に報告されていたからである．抗腫瘍活性物質の正体が掴めないまま長い年月が過ぎたが，Rinehart らが，抽出物に含まれる「強力な抗腫瘍活性を有する化合物」の分子量が 743 であることを発見したことで研究の歯車が動きだした．その後の構造決定は難航を極めたが Rinehart らは，この分子量 743 の生物活性物質が，前例のない抗がん剤となるという強い信念を持って研究を推進していた．

　同時期，ジュネーブ大学の Jefford 教授らは，「海から薬を」というコンセプトのもと，フロリダ州 Fort Pierce にあるハーバーブランチ海洋研究所において SeaPharm（シーファーム）プロジェクトを立ち上げた．これは，海洋天然物から薬を商業的に開発しようと設立された初めてのベンチャー企業であり，アメリカの野心的な投資家の関心を集めた．Rinehart は，SeaPharm の顧問として研究の助言を行っていたが，SeaPharm の研究員も *E. turbinate* の研究に着手し，Rinehart と競合する形で研究が進められた．その後，エクテナサイジン 743（ecteinascidin 743）（Et 743，**3**）と名づけられた活性物質の母核構造は，放線菌由来のサフラマイシン抗生物質と類似するイソキノリンアルカロイドであることがわかった．1990 年になって核磁気共鳴スペクトル分析（NMR）の技術が進歩し，

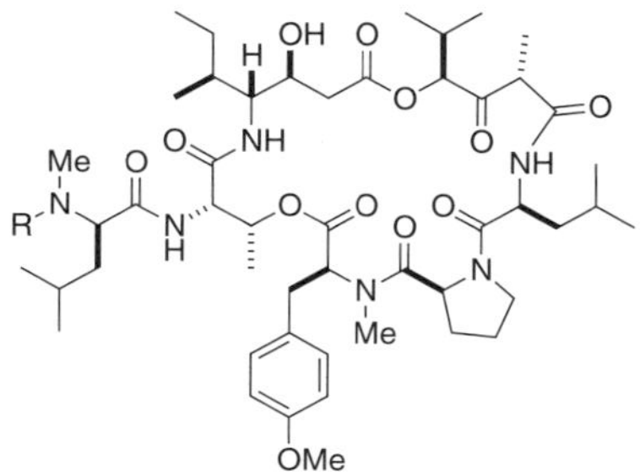

ユージストミン C **(2)**

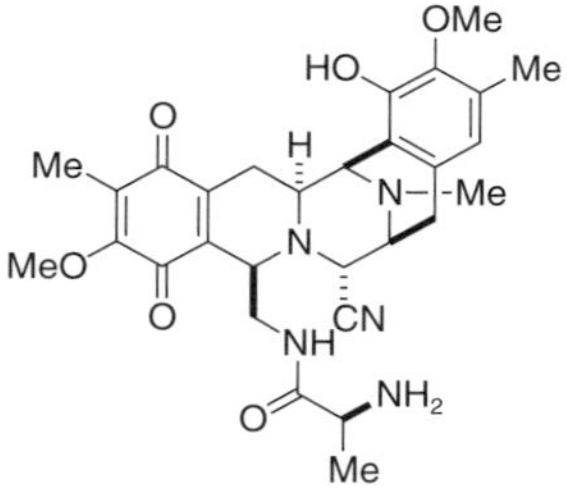

シアノサフラシン B **(4)**

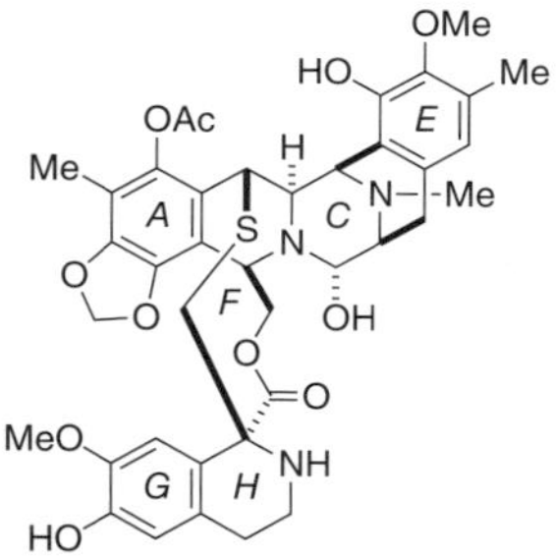

エクテナサイジン 743 (Et 743, **3**)

ジデムニン A **(1a)**: R = H

ジデムニン B **(1b)**: R =

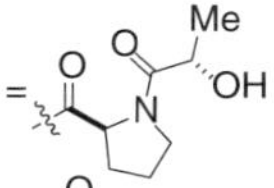

ジデムニン C **(1c)**: R =

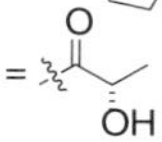

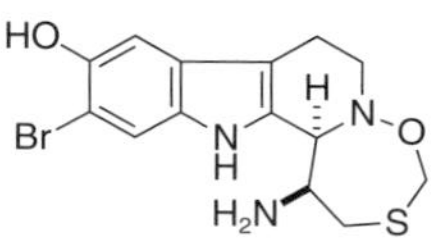

図 10.1 ホヤから発見された生物活性物質

Et 743 を内生するタイの群体ホヤ（*Ecteinascidia thurstoni*）．（カラー図は口絵 5 参照）
［撮影：Khanit Suwanborirux 教授（チュラロンコン大学），斎藤直樹教授（明治薬科大学）より提供］

Rinehart と SeaPharm のグループは，同時に構造決定に成功するとともに，タキソールの 100 倍という強力な抗腫瘍活性を有することも明らかとなった．Et 743 は，医薬品として非常に有望な化合物であったが，ホヤの内生量がきわめて少なく臨床試験に必要な 1 グラムの単離には 1 トンのホヤが必要とされていた．当時，Rinehart グループの博士課程学生であった酒井隆一（現 北海道大学水産科学院教授）はその効率的な単離法を開発し，初期の臨床試験に用いられた天然物の供給の緒を付けた．さらに，前臨床試験においては各種がん細胞ならびにモデル動物に対して有効な活性を示すことも明らかとなった．特に，既存の治療薬で再発した細胞や，治療がきわめて困難な軟部肉腫にも活性を有することが特徴である．

10.3　トラベクテジンの抗がん剤としての開発

　イリノイ大学からライセンスを取得したスペインの製薬企業 PharmaMar 社では，ホヤの大量養殖を試みたが，養殖ホヤが生産する Et 743 の量は十分でなかった．また，天然のホヤを大量に採集することはほぼ不可能であり，化学合成による供給が熱望されていた．その後，PharmaMar 社では発酵法により大量に得られる類似化合物シアノサフラシン B（Cyanosafracin B）（**4**）から化学変換により Et 743 を大量供給する方法を開発して，フェーズ II とフェーズ III の臨床試験を展開し，2007 年に初の海洋天然物由来抗悪性腫瘍剤として承認を得るに至った．本項では，眠っていた希少海洋天然物を抗悪性腫瘍剤という檜舞台に引き上げた E. J. Corey と D. Gin らの全合成，福山透と菅敏幸らの全合成例を紹介したい．

10.3.1　E. J. Corey と D. Gin の全合成

　1996 年 Corey，Gin らの研究グループは，Et 743（**3**）を合成す
るうえで難題となる B 環と F 環の構築を独創的な手法により達成
し世界初の全合成を報告している［1］．彼らは，酸性条件下でテト
ラヒドロイソキノリン骨格を構築する方法である Pictet-Spengler
反応により合成した **5** と不斉水素化を用いて合成したアミノ酸 **6**
を縮合し **7** とした後，酸性条件下に C–N 結合を形成する反応であ
る Mannich 型反応により五環性化合物 **9** を合成している．その後，
21 位カルボニル基のアミノニトリルへの変換と保護基の脱着を行
い **10** へと変換した後，ビスベンゼンセレニン酸無水物を用いた 10
位の選択的な酸化により **11** を得ている．さらに数段階は経て **12**
とした後，Tf₂O にて処理することで o-キノンメチド **13** を経由す
る渡環反応により F 環を構築し **14** を合成している．最後に **14** に
対し，2 度目の Pictet-Spengler 反応を行い G，H 環を構築すること
で **3** の全合成を達成している．

　なお，Corey 研の博士研究員として Et 743 の全合成を達成した
Gin 博士は，その後，名門イリノイ大でも輝かしい研究成果を挙げ，
39 歳の若さで Memorial Sloan Kettering Cancer Center の教授に大
抜擢された．鋭才有機合成化学者として将来を期待されたが，
2011 年 44 歳の若さで突然この世を去ってしまった．人間的にも魅
力溢れた Gin 博士の早逝は今になっても惜しまれる．

10.3.2　福山透と菅敏幸の全合成

　福山，菅らのグループは，アルデヒド・イソニトリル・アミン・
カルボン酸の 4 成分連結反応である Ugi 反応を鍵段階とする Et
743（**3**）の全合成を報告している［2］．彼らは，それぞれ 4 成分
に対応する **15–18** を Ugi 反応により連結しアミド **19** とした後，数

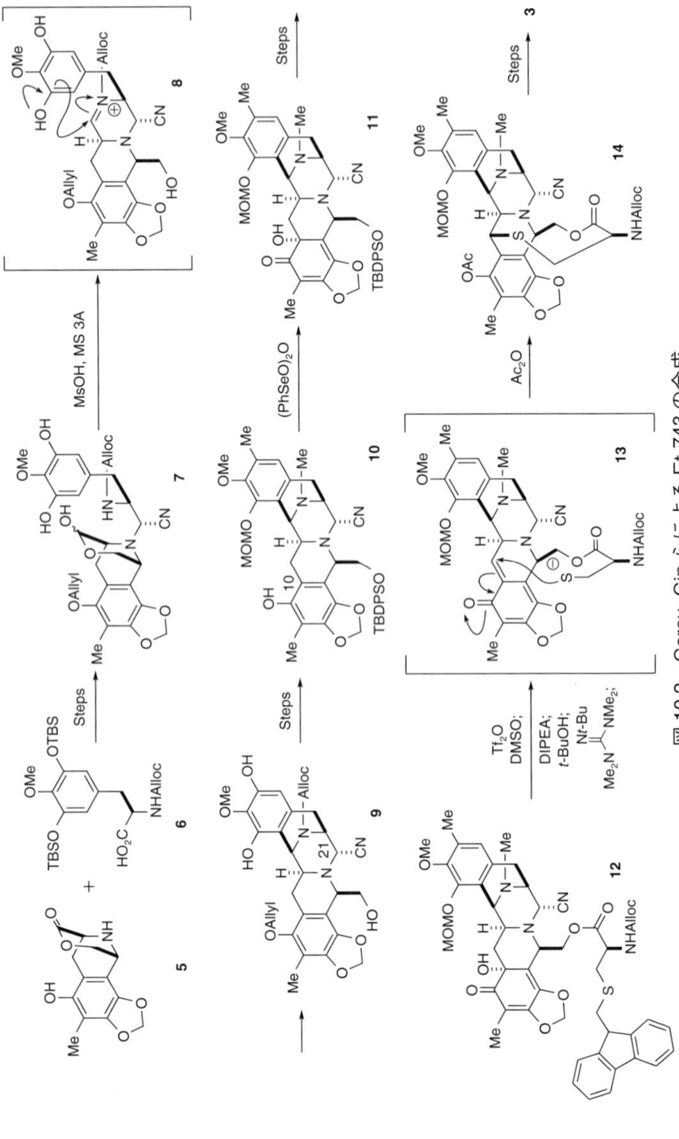

図 10.2　Corey, Gin らによる Et 743 の合成

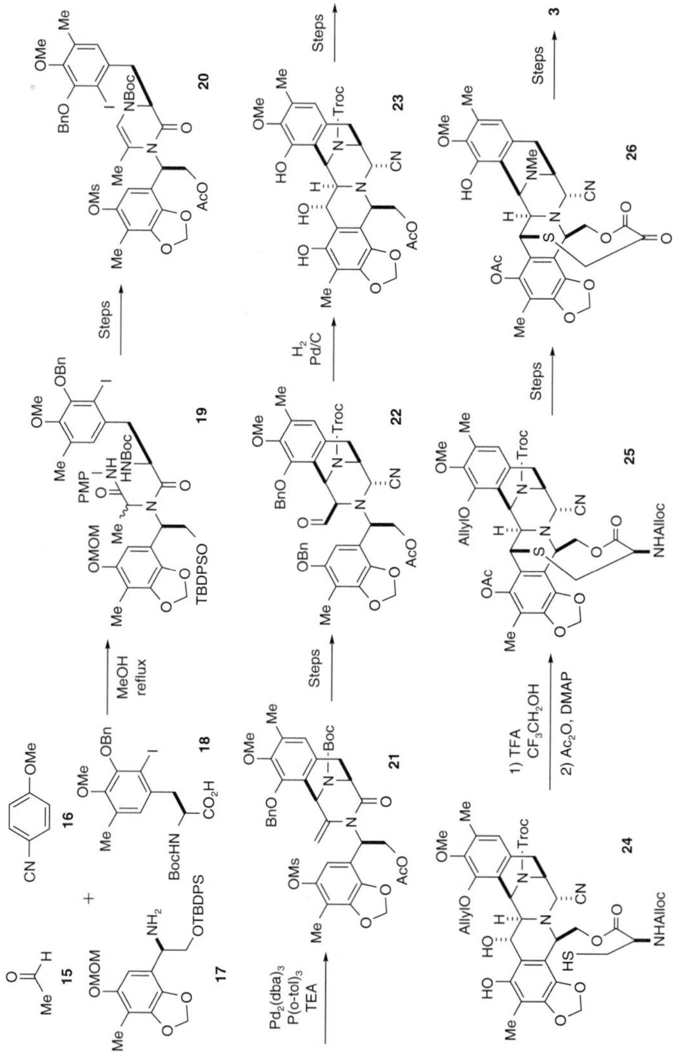

図10.3 福山、菅らによる Et 743 の合成

段階を経て C 環を構築している．続いて，パラジウムを触媒に用いるカップリング反応である溝呂木–Heck 反応により D 環を構築し **21** とした後，エキソメチレン部分を足がかりにアルデヒド **22** を合成している．得られた **22** に対し接触水素化条件に付すとフェノール性水酸基の脱保護と環化反応が一挙に進行し，**23** を得ている．さらに，システイン誘導体と縮合し **24** とした後，F 環の構築とケトエステルへの変換を行い **26** としている．最後に，**26** に対し Corey らと同様に Pictet-Spengler 反応を行い G, H 環を構築することで **3** の全合成を達成している．

10.4 抗悪性軟部腫瘍剤トラベクテジン

Et 743（**3**）は，PharmaMar 社とライセンス契約を締結した大鵬薬品工業によりヨンデリス点滴静注用（一般名：トラベクテジン）として 2015 年 12 月に国内上市を果たしている．これまでほとんど治療薬が存在しなかった身体の軟部組織に発生する悪性軟部腫瘍に対して有効性が示された薬剤である．悪性軟部腫瘍は希少がんであるにも関わらず多彩な組織型が存在し，組織型によって薬物療法の反応性が異なることが知られている．トラベクテジンは脂肪肉腫や平滑筋肉腫，および染色体転座が報告されている組織型の悪性軟

図 10.4　ヨンデリス点滴静注用［大鵬薬品工業社より提供］

部腫瘍（粘液型脂肪肉腫，滑膜肉腫など）に対して，良好な治療成績が示されている.

文献

[1] Corey, E. J. *et al.*: *J. Am. Chem. Soc.,* **118**, 9202 （1996）
[2] Endo, A. *et al.*: *J. Am. Chem. Soc.,* **124**, 6552 （2002）

＊　　　＊　　　＊

本章執筆者の一人，菅敏幸氏は 2021 年 7 月に急逝されました.
謹んでご冥福をお祈りいたします.　　　　　　　　　　（編著者）

第 11 章

タンパク質毒素クラゲ毒

11.1　刺胞動物のもつ刺胞とは

　海水浴中に突然海洋生物に刺され，痛みを感じ，腫れる．ときとして命にまで危険が及ぶことがある．そのような刺傷被害を引き起こす生物として真っ先に思い浮かぶのは毒クラゲではないだろうか．実際，皆さんの中にもクラゲに刺された経験のある方が少なからずいるだろう．このクラゲは，刺胞動物である．刺胞動物は他に，イソギンチャク，サンゴなど約 1 万にもおよぶ幅広い生物種によって構成される．刺胞動物は，刺胞という特殊な器官をもつことによって定義・分類されている．刺胞は数マイクロメートルから 1 ミリメートル程度の大きさの球形やラグビーボール型の形状をしており，硬いタンパク質の殻で覆われている．その中にはコンパクトに畳み込まれた刺糸（毒針）と毒液が詰め込まれている．この刺胞は餌や外敵に触れた際に毒針を発射して，相手に毒液を注入する（図 11.1）．つまりすべての刺胞動物は，強弱こそあれ必ず毒を持っている．クラゲの触手の表面には，数えきれない数の刺胞がびっしりと存在している．そして「クラゲに刺される」とは，「刺胞に刺される」ことそのものなのである．

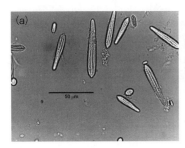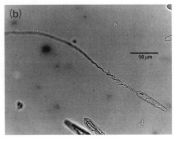

図 11.1 (a) ハブクラゲの刺胞（単離したもの），(b) 毒針を発射したハブクラ
　　　　ゲの刺胞.（カラー図は口絵 6 参照）

11.2　海洋生物におけるポリペプチド毒素の意義

　刺胞動物の毒液には必ずポリペプチド毒素が含まれている．ちなみにポリペプチドとは，各種アミノ酸がペプチド結合を介して一列に並んだ化合物である．明確な定義はないが，一般的に分子量数千以下のものをペプチド，1万以上のものをタンパク質と呼ぶことが多い．刺胞動物以外にも，海洋生物には刺したり咬んだりして毒素を注入してヒトに激しい刺傷被害を与える生物がいる．魚類（オニダルマオコゼやアカエイなど），棘皮動物（オニヒトデやラッパウニなど），軟体動物（イモガイなど）などの一部が毒素による刺咬症を引き起こす．これら生物も皆，ポリペプチド毒素を持っている．今のところ唯一の例外として知られているのは，軟体動物のヒョウモンダコが咬毒として持つテトロドトキシンのみである．この本にあるとおり，数多くの海洋生物が複雑な構造の低分子毒素を保有するにも関わらず，刺咬毒として利用されるのがもっぱらポリペプチド毒素ばかりであることは特筆される．

　ここで，海洋生物の刺咬毒素のほとんどすべてがポリペプチドで

ある意味を考えてみたい．ポリペプチドは，生物体内において遺伝子情報に従ってアミノ酸が順次結合することで生産される．つまり，少ないエネルギーで効率良く生産できる．このポリペプチド毒素群の生産の容易さは，これらが生体にとってきわめて重要であることの裏返しである．つまりこれらポリペプチド毒素は，その生物が餌をとるためや外敵から身を守るために日常的に利用している必要不可欠のものなのだ．一方，海洋生物の低分子毒素群は数多くの生合成タンパク質酵素（ポリペプチド）の関与によって長い工程を経由して複雑かつ繊細に生産される．このように低分子毒素群は，大きなエネルギーと煩雑な手間を代償として生産される．ほとんどの低分子毒素群はいまだその真の生産生物（菌類，微細藻類など）における本来の存在意義が不明だが，これらの生物にとって何か重要な役割を果たしている可能性が高い．これは，今後解明されるべきテーマだろう．

11.3　刺胞動物のもつタンパク質毒素 アクチノポーリン類

　刺胞動物のポリペプチド毒素に話を戻そう．ポリペプチド毒素のなかでも比較的分子量の小さいペプチド毒素（分子量数千以下）については比較的研究が進んでいる [1]．これには，ペプチド毒素は研究の際に取り扱いやすいことが影響している．特にイソギンチャク由来のペプチド毒素は数多く明らかにされ，中には生化学試薬として販売されているものさえある．一方，分子量の大きなタンパク質毒素（分子量1万以上）の化学的性状の詳細は長いこと不明であった．その理由は，タンパク質毒素は取り扱いが難しく容易に変性し，活性を保ったままの単離が難しかったからである．しかし，刺胞動物由来タンパク質毒素の中でもアクチノポーリン類（分子量

約2万）だけは例外であった．1977年に著された橋本芳郎（東京大）による名著『魚介類の毒』（学会出版センター）では，すでにイソギンチャク由来アクチノポーリン類であるトキシン2（Toxin II）やアンソプロイリン-A（anthopleurin-A）の全アミノ酸一次配列が紹介されているほど研究の歴史が長い．イソギンチャク毒素のアクチノポーリン類はタンパク質毒素であるにも関わらず，分子構造が比較的安定なため取り扱いやすい．アクチノポーリンは，細胞膜上に複数の分子が会合して細胞の内側と外側を貫く小孔を形成する［2］．もともと細胞膜の内側と外側では各種イオン濃度が異なるため，小孔形成により細胞内へのナトリウムイオン流入などが起こる．これによって細胞ひいては生物の恒常性（ホメオスタシス）が破壊される．このようなメカニズムでアクチノポーリン類は生物に毒性を示す．

11.4　クラゲのタンパク質毒素

オーストラリアに生息するオーストラリアウンバチクラゲ（*Chironex fleckeri*）による刺傷で，現地では今までに70名以上の死亡が報告されている．日本国内では沖縄県に生息するハブクラゲ（*Chironex yamaguchii*：旧学名 *Chiropsalmus quadrigatus*）（図11.2a）が複数の刺傷死亡事例を引き起こし，アンドンクラゲ（*Carybdea brevipedalia*：旧学名 *Carybdea rastoni*）（図11.2b）は各地の海水浴場で夏場に刺傷被害を続出させている．これらの激しい刺傷被害を引き起こすクラゲは皆，立方クラゲ綱に属する．また100年以上前からクラゲの毒素に関する研究が数多く行われ，クラゲの刺傷被害に関与するのはタンパク質毒素であることは判明していたが，そのタンパク質毒素の化学的性状の詳細は長いこと不明で

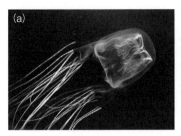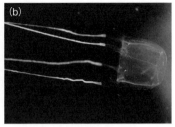

図 11.2 (a) ハブクラゲ，(b) アンドンクラゲ．
[(a) 写真提供：沖縄県衛生環境研究所]（カラー図は口絵 7 参照）

あった．

　そのような状況のもとで，2000 年に永井宏史らにより発表され
たアンドンクラゲとその近縁種 *Alantina alata*（旧学名 *Carybdea
alata*）の二種の立方クラゲが有するタンパク質毒素の単離とその
構造解明がその嚆矢となった [3, 4]．アンドンクラゲと *A. alata*
の主要タンパク質毒素カリブデア・ラストニ・トキシン–A（CrTX–
A，分子量 4.3 万）とカリブデア・アラタ・トキシン–A（CaTX–A，
分子量 4.5 万）のそれぞれについて精製法が工夫され，2 年がかり
で単離された．さらに，これら毒素をコードする遺伝子の全塩基配
列とそれに対応する全アミノ酸一次配列が解明された．これは，長
年のあいだ不明であったクラゲ毒素の化学的性状が明らかにされた
最初の例である [3, 4]．続いて，同様の手法を用いてハブクラゲ
の主要タンパク質毒素であるキロプサルマス・クアドリゲタス・ト
キシン–A（CqTX–A，分子量 4.6 万）の化学的性状も明らかにされ
た [5]．これらのタンパク質毒素群はすべて刺胞内に局在すること
が判明した．これら 3 種のクラゲから得られたタンパク質毒素同士
のアミノ酸一次配列は互いに相同性を示した．しかし，これらは今
までに知られているタンパク質とほとんど相同性を示さず，新しい

タンパク質ファミリーであることが判明した．その後，オーストラリアウンバチクラゲからも，これら立方クラゲ綱タンパク質毒素ファミリーと高い相同性を有するタンパク質毒素の存在が報告された [6]．

アンドンクラゲの主要毒，CrTX-A はマウスへの皮下投与により，人間に対する刺傷被害と同様の浮腫形成などの病理学的症状を引き起こした．この結果から，CrTX-A はアンドンクラゲ刺傷被害の際に炎症を引き起こす原因毒であることが証明された [3]．三種の立方クラゲ類から得られたタンパク質毒素群はすべて強力な溶血（赤血球を破壊する）作用を持っていた．この溶血作用はアクチノポーリン類でも報告されており，立方クラゲ類の主要毒素による刺傷被害の本質は，アクチノポーリン同様に細胞膜上への小孔形成であることが強く示唆された．

他に全世界的に刺傷被害の激しいクラゲとしてカツオノエボシ（*Physalia physalis*）が知られているが，そのタンパク質毒素の化学的性状はいまだ不明である．日本国内の普遍種であるアカクラゲ（*Chrysaola pacifica*）やミズクラゲ（*Aurelia coerulea*）にもタンパク質毒素の存在が認められたが，いまだ性状解明には成功していない．今後，これからの研究者がこれらの謎を説き明かしてくれることが期待される．

11.5　クラゲ以外の刺胞動物のタンパク質毒素

日本に生息するウンバチイソギンチャク（*Phyllodiscus semoni*）（図 11.3a）とフサウンバチイソギンチャク（*Actineria villosa*）による刺傷の症状は激しく，ときとして全身症状を伴うほど重篤になる．そこで，これらのタンパク質毒素が研究された．その結果，ウ

ンバチイソギンチャクからフィロディスカス・セモニ・トキシン-60A（PsTX-60A）ならびにフィロディスカス・セモニ・トキシン-60B（PsTX-60B）が，またフサウンバチイソギンチャクからはアクチネリア・ヴィロサ・トキシン-60A（AvTX-60A）が強い溶血活性を示すタンパク質毒素（すべてが分子量約6万）として単離された．これら毒素の決定された全アミノ酸一次配列は，3種ともMACPF（membrane-attack complex/perforin, 補体複合体・パーフォリン）タンパク質であることが判明した［7, 8］．MACPFタンパク質は，ヒトを含む生体内免疫系において異物に対して攻撃を加える役割を持つことが広く知られている．これらイソギンチャク毒素の発見は，全生物を通してMACPFタンパク質が生体外において毒素として働いていることを示した初めての例であった．免疫系において，MACPFタンパク質は，複数の分子が攻撃対象の細胞膜上に会合することで，小孔を形成して細胞破壊作用を示すことが判明している．このイソギンチャク毒素も同様のメカニズムで毒性を発現しているだろう．生体内免疫系においては，MACPFタンパク質は異物の攻撃にピンポイントで利用される．ところが，これらイソギンチャクによる刺傷の場合は大量のMACPFタンパク質が刺傷部位に広範に注入されるため，正常細胞に対する無差別攻撃が激烈な症状の原因になると推測される．

　アナサンゴモドキ類は刺傷被害が激しいことから，別名，火炎サンゴ（fire coral）とも呼ばれる．沖縄産のアナサンゴモドキ（*Millepora dichotoma*）（図11.3b）からは，溶血活性は示さないが，甲殻類に対する致死活性ならびにがん細胞に対して強力な細胞毒性を示すタンパク質毒素ミレポラ・サイトトキシン-1（MCTx-1，分子量約2万）が単離され，その全アミノ酸一次配列が明らかにされた［9］．相同性検索の結果，MCTx-1はダーマトポンティンタンパク

図 11.3　(a) ウンバチイソギンチャク，(b) アナサンゴモドキ.
［(a) 写真提供：沖縄県衛生環境研究所］（カラー図は口絵 8 参照）

質ファミリーに属することが明らかとなった．ダーマトポンティン類のいくつかは，いくつかの生物の生体内免疫系における生体防御物質として機能することが示されている．

11.6　おわりに

　生体内の免疫系において攻撃と防御は紙一重である．このバランスが崩れると我々は自己免疫疾患などで苦しむことがある．花粉症などのアレルギー症状も免疫系の暴走の結果である．上記の研究結果などから，我々の免疫系などで日々大活躍しているタンパク質性の生体防御物質のいくつかは，生体外で攻撃物質として働くタンパク質毒素などと似ていることがわかってきた．もともとは生体防御のために使用していたタンパク質を進化の過程で毒素として利用するようになったのだろうか？　海洋生物毒素の性状解明の研究を行いながら，こんなことを夢想するのも楽しい．

文献

[1] 塩見一雄・長島裕二：新・海洋動物の毒，pp.216-238，成山堂書店（2012）

[2] Rojiko, N. *et al.*: *Biochem. Biophys. Acta*, **1858**, 446-456（2016）

[3] Nagai, H. *et al.* : *Biochem. Biophys. Res. Commun.*, **275**, 582-588（2000）

[4] Nagai, H. *et al.* : *Biochem. Biophys. Res. Commun.*, **275**, 589-594（2000）

[5] Nagai, H. *et al.*: *Biosci Biotechnol Biochem.*, **66**, 97-102（2002）

[6] Brinkman, D., Burnell, J.: *Toxicon*, **50**, 850-860（2007）

[7] Oshiro, N. *et al.*: *Toxicon*, **43**, 225-228（2004）

[8] Satoh, H. *et al.*: *Toxicon*, **49**, 1208-1210（2007）

[9] Iguchi, A. *et al.*: *Biochem. Biophys. Res. Commun.*, **365**, 107-112（2008）

第 12 章

アメフラシから得られた抗腫瘍性物質

12.1　はじめに

　海洋生物が保有する天然物（二次代謝産物）には，陸上の生物には見られない特異な構造や機能を持つものが多く知られており，抗がん剤など新たな医薬の開発に大きく貢献してきた．このような海洋天然物には生体でどのような分子に結合して働くのかわかっていないものが多く，その解析を進めることで「意外な」作用機序を発見することができると期待される．本稿では，がん細胞の増殖をごく低い濃度で抑えるなど，強力な生物活性を示すアクチン作用性海洋天然物に注目して，その作用標的分子や新規な薬理作用機構を解明した研究を紹介する．

12.2　アクチンおよびアクチンを標的とする海洋天然物

　アクチンフィラメントは真核細胞の細胞骨格を構成するタンパク質のひとつであり，分子量約 43,000 の球状タンパク質（G-アクチン）が，2 本の擦り合わさった繊維状に重合している（F-アクチン，直径 5～9 nm）（図 12.1）．アクチンはアデノシン三リン酸（ATP）の加水分解を駆動力として細胞内で重合・脱重合を繰り返しているが，その細胞内でのダイナミクスは 100 種類以上のアクチン結合

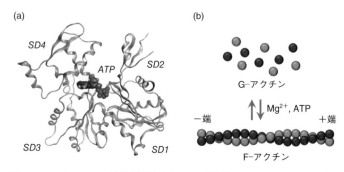

図 12.1　アクチンの X 線結晶構造（a）および重合ダイナミクスの模式図(b)

タンパク質（actin-binding protein：ABP）との相互作用によって制御されており，細胞の分裂，移動，分化などに重要な役割を担っている．一方で，ABP 以外にも様々な天然物がアクチンに作用することが知られている［1, 2］．たとえば，環状エステル構造を持つカビラミド C やミカロライド B，ラトランクリン A は G-アクチンと 1：1 で結合してその重合を阻害し，細胞増殖阻害活性を示す（図 12.2）．ヒドロキシカルボン酸 2 分子が縮合したスウィンホライド A は 2 分子の G-アクチンと結合でき，より強力に重合を阻害する．また環状エステル構造を持たないビストラミド A も，強力なアクチン脱重合活性を示す．一方で，カイメン由来のジャスプラキノライドは，逆に F-アクチンに結合してその重合を安定化することで，強力な抗真菌活性や抗腫瘍活性などを示す．

　このようにアクチンに作用する天然物には構造や機能に多様性が見られ，細胞生物学・薬理学の研究ツールとしても有用である．また海洋由来ではないが，環状ペプチドの一種ファロイジンも F-アクチンに結合して重合を安定化することから，蛍光標識したファロイジンはアクチン骨格を染色するツールとして市販されている．

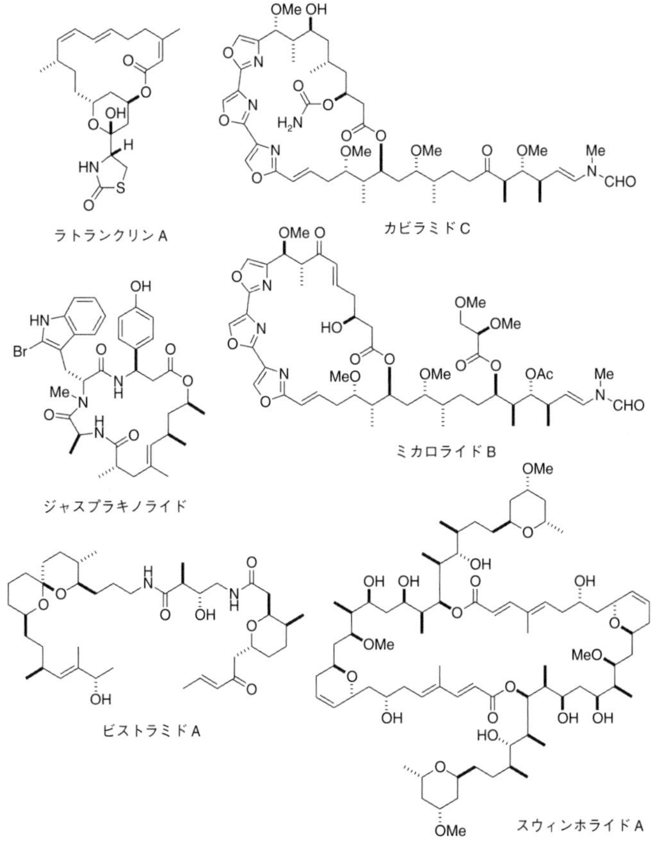

ラトランクリン A

カビラミド C

ジャスプラキノライド

ミカロライド B

ビストラミド A

スウィンホライド A

図 12.2 アクチンを標的とする海洋天然物

12.3 抗腫瘍性天然物アプリロニン A

アプリロニン A（ApA）は，海洋生物アメフラシ *Aplysia kuro-*

dai から単離されたマクロリドであり，強力な細胞毒性および抗腫瘍活性を示す（図 12.3）[3]．アメフラシは軟体動物の一種であるが，外側に硬い殻を持たず，外敵からの防御のために有毒物質を蓄積するとされている．また同種のアメフラシが日本中に広く分布するにも関わらず，地域により ApA の含量が大きく異なるため，その起源は食物連鎖の関係にある微生物に由来すると予想される．海洋生物の進化の過程で ApA のような有毒物質を生産する能力がどのように獲得されたのか，またアメフラシ自身がどのように有毒物質を蓄積して生態系で利用しているのかなど多くの謎があり，化学

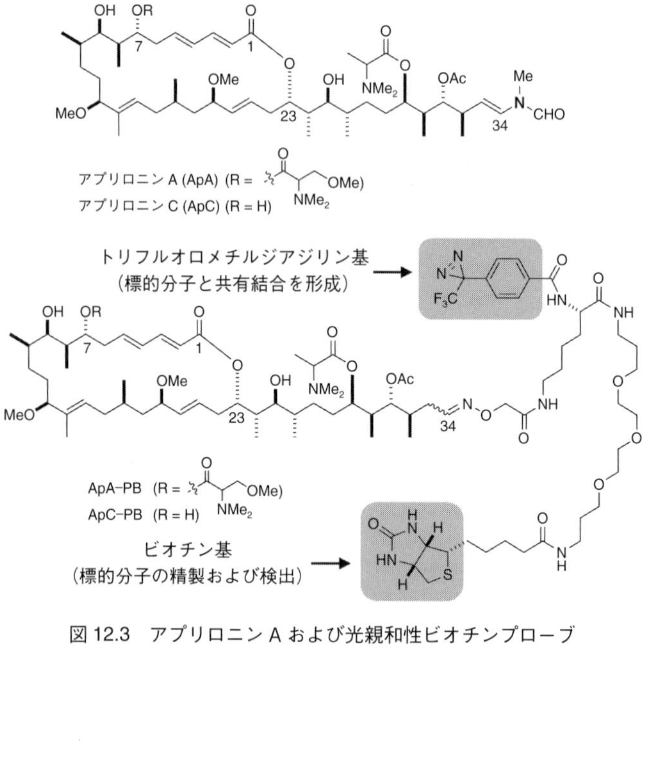

図 12.3　アプリロニン A および光親和性ビオチンプローブ

生態学の観点からも大変興味深い.

さて，化合物の活性に話題を戻そう．ApA はミカロライド B などと同様に G-アクチンと 1：1 で結合し，F-アクチンの速やかな脱重合を引き起こす．以前の研究から，ApA はその側鎖部（C24–C34）でアクチンに結合するが，側鎖部のみの誘導体は細胞毒性をほとんど示さないこと，またマクロラクトン部（C1–C23）の置換基である 7 位トリメチルセリンエステル（TMSer）基や 9 位ヒドロキシ基が強い細胞毒性に重要であることがわかっていた．たとえばアプリロニン C（ApC）は TMSer 基を持たない ApA の類縁体であるが，アクチン脱重合活性は ApA とほぼ同程度であるにも関わらず，細胞毒性は 1000 倍以上弱い．一方，ApA はアクチンフィラメントの崩壊を引き起こすよりも 1000 倍以上低い濃度でがん細胞の増殖を抑制する．2006 年には ApA のアクチンとの 1：1 複合体の X 線結晶構造が報告され，ApA はその側鎖部分でアクチンのサブドメイン 1, 3 の疎水性クレフトに強固に結合するが，細胞毒性に重要な TMSer 基は結合に関与しないことが示された [4]．以上から，ApA の強力な活性の発現には TMSer 基付近における第 2 の標的分子との相互作用が重要と予想された．

12.4 光親和性ビオチンプローブを用いたアプリロニン A の第 2 の標的分子の同定

標的分子と共有結合を形成させたり，様々な混合物の中から結合した標的分子を精製したり，生化学・分光学的手法などで特異的に検出するため，元の物質を化学的に修飾して新たな機能を付与した誘導体を「分子プローブ」と呼ぶ．上述した蛍光標識ファロイジンもその一種であり，細胞内のアクチン繊維の形状を詳しく観察する

ことができる．ApA の研究では，細胞内に含まれる未知の第2の標的生体分子を精製・同定するため，紫外線を照射すると分解して周囲の分子と共有結合を形成できるトリフルオロメチルジアジリン基（光反応基）と，標的分子の精製や検出に用いられるビオチン基を連結した光親和性ビオチンプローブ（ApA–PB）が合成された．

ApA–PB をヒト子宮頸がん由来細胞（HeLa S3）に取り込ませてから，紫外線を照射して標的分子と共有結合を形成させた．次いで細胞成分を抽出して NeutrAvidin アガロース樹脂（ビオチン基と特異的に相互作用するタンパク質が結合した樹脂）で精製すると，予想されたアクチン（43 kDa）に加えて，プローブと共有結合した新たなタンパク質（55, 58 kDa）が検出された（図 12.4）．ゲル内トリプシン消化と peptide-mass fingerprint（PMF）解析から，これらのタンパク質が α/β-チューブリンであることが判明した［5］．

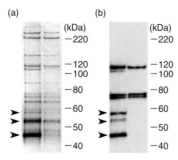

図 12.4 光親和性プローブを用いた ApA 標的分子の同定
（a）SDS-PAGE で分離後，銀染色により結合したすべてのタンパク質を検出．
（b）HRP 標識ストレプトアビジンを用いたブロッティングにより，ビオチン結合タンパク質を検出．ApA–PB が共有結合したアクチン（43 kDa）およびチューブリン（55, 58 kDa）のバンドにそれぞれ印をつけた．

ApA–PB によるアクチン，チューブリンの光ラベル化は過剰の ApA
で競合的に阻害され，一方で TMSer 基を持たない ApC から誘導し
た光親和性ビオチンプローブ（ApC–PB）はチューブリンとは結合
しないことから，ApA とチューブリンとの作用が特異的であるこ
とがわかった．

12.5　アプリロニン A による抗腫瘍活性発現メカニズム

　市販の精製タンパク質（アクチン・チューブリン）を用いた光ラ
ベル化や分子間相互作用解析，細胞観察などにより，ApA はチュー
ブリンとは単独では結合せずその重合ダイナミクスにも影響しない
が，アクチン存在下では微小管ダイナミクスを阻害し，アクチン，
チューブリン間のタンパク質間相互作用（protein-protein interac-
tion, PPI）を誘導して 1：1：1 の三元複合体を形成することがわ
かった（図 12.5）．この作用により ApA はアクチンフィラメントに
影響しない低濃度でがん細胞の紡錘体形成を阻害し，細胞周期を

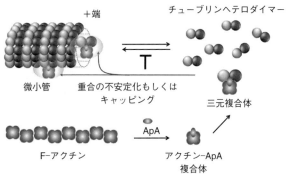

図 12.5　微小管ダイナミクスに対する ApA の予想される作用機序

G2/M 期で停止させることで強力な増殖抑制活性を示すことが明らかとなった.

　α-および β-チューブリンは安定な 1 : 1 ヘテロダイマーを形成し，これが重合することでもうひとつの主要な細胞骨格である微小管が形成される．その重合，脱重合により生み出される微小管ダイナミクスは，細胞分裂，細胞内輸送，細胞遊走など様々な機能制御にかかわっている．これまでに微小管を標的とする多数の天然物や合成小分子が見いだされており，抗がん剤として応用されているものも多いが，ApA のようにアクチンと微小管の両方に作用してそれらの重合ダイナミクスを制御するものはこれまで例がなく，その作用が非常にユニークであることがわかった.

12.6　おわりに

　アクチンフィラメントや微小管といった細胞骨格を標的とする分子に限らず，多彩な構造や強力な活性を示す海洋天然物は，これまで知られていない PPI を誘導もしくは阻害する可能性がある．このように 1 分子が複数の作用点を持つことで生じる相乗効果による活性や，これまで見いだされていない代謝経路，分子標的などに注目することで，天然物の意外な機能を発見することができる．アクチン –ApA 複合体が α, β-チューブリンと具体的にどのように結合して三元複合体を形成するのか現時点ではわかっていないが，近年広く普及して発展している X 線結晶構造解析法やクライオ電子顕微鏡などによる観察，および分子動力学シミュレーションなど計算科学の手法を組み合わせることで今後解明されると期待される．このような知見を組み合わせることで，副作用を低減した新たな医薬品の創出や，複合的に機能する新たな薬理学ツールの開発など応用

展開にもつながると期待される.

文献

［1］ Kita, M. *et al.*: *Nat. Prod. Rep.*, **32**, 534（2015）

［2］ 田中淳一：化学と生物, **45**, 177（2007）

［3］ Yamada, K. *et al.*: *Nat. Prod. Rep.*, **26**, 27（2009）

［4］ Hirata, K. *et al.*: *J. Mol. Biol.*, **356**, 945（2006）

［5］ Kita, M. *et al.*: *J. Am. Chem. Soc.,* **135**, 18089（2013）

コラム ⑤

細胞骨格：アクチンフィラメントと微小管

　細胞内には，その生命活動に重要な役割を行う細胞骨格と呼ばれる組織がある．骨格といっても，骨ではなく，繊維状に重合したタンパク質からなっている．これらの2大細胞骨格タンパク質として，アクチンとチューブリンが知られている．

　アクチンは，ミオシンとともに筋肉組織をつくるタンパク質として有名であるが，非筋肉細胞においても，最も含有量が多いタンパク質である．アクチンが重合することにより，アクチンフィラメントが形成される．アクチンフィラメントは，様々なアクチン結合タンパク質とともに，細胞骨格として細胞の形態維持や運動，分裂などに深く関与している．

　チューブリンが筒状に重合することにより形成される微小管は，細胞分裂時に紡錘糸を構築し，核染色体を2つの娘細胞に均等に分配するレールの役割を果たす．また，微小管は絶えず重合（伸長）と脱重合（短縮）を繰り返しており，その状態は微小管ダイナミクスと呼ばれるが，微小管には極性があり，伸長（プラス）端が重合に重要な役割，短縮（マイナス）端が脱重合に重要な役割を果たしている．細胞分裂間期（非分裂期）では，微小管は，細胞外情報の取り込みや細胞内分子輸送にかかわり，極性をもった細胞運動，上皮間葉転換作用（EMT）の維持などに重要な役割を担っている．これらの役割のため，チューブリンおよび微小管は，エリブリンを含む多くの抗がん剤の標的分子として注目されている（第6章参照）．

（木越英夫・田上克也）

索　引

Memorandum

〔編著者紹介〕

木越英夫（きごし　ひでお）
1984 年　名古屋大学大学院理学研究科博士課程後期課程中退
現　在　筑波大学数理物質系教授，理学博士
専　門　天然物化学，ケミカルバイオロジー

化学の要点シリーズ　43　*Essentials in Chemistry 43*

海洋天然物化学
Marine Natural Products Chemistry

2023年8月25日　初版1刷発行

編著者　木越英夫
編　集　日本化学会　ⓒ2023
発行者　南條光章
発行所　**共立出版株式会社**
　　　　［URL］　www.kyoritsu-pub.co.jp
　　　　〒112-0006 東京都文京区小日向4-6-19　電話 03-3947-2511（代表）
　　　　振替口座　00110-2-57035

印　刷　藤原印刷
製　本　協栄製本
　　　　　　　　　　　　　　　　　　　　　　　printed in Japan

検印廃止
NDC　437, 439
ISBN 978-4-320-04484-5

一般社団法人
自然科学書協会
会員

🔬 化学の要点シリーズ

日本化学会編【各巻：B6判・税込価格】

（価格は変更される場合がございます）